入門・森林経済学

FOREST ECONOMICS

立花　敏

TACHIBANA SATOSHI

学 文 社

はじめに

本書を手にとる皆さんは、森林や林業、環境、地球温暖化、生物多様性、カーボンニュートラル、炭素クレジットなどに関心をお持ちだろう。持続的な森林管理や木材利用に対して、現在ほど期待や注目が集まっている時期はなかったのではないだろうか。多くの皆さんが、森林を減らすことなく、劣化させることなく持続的に管理し、そこから産み出される木材を多面的かつ長期にわたって使用する社会を創っていきたい、創っていかなければならないという思いを抱いているのではないだろうか。

ここで皆さんにひとつお聞きしてみたい。日本には豊富な森林資源があるとお考えだろうか。あるいは、日本の森林資源は決して多くないと考えるだろうか。日本の国土面積に占める森林の割合は67％で世界有数の高さを誇るが、他方で人口１人あたりの森林面積としてとらえると0.20haで世界平均の３分の１近くの水準に過ぎず、判断は分かれるかもしれない。このような森林資源を、私たちはどのように管理していけばよいのか、森林資源の保全と利用を両立するにはどのようにしていけばよいのかということに、私の強い問題意識がある。私は、この問題意識を起点として研究活動を行い、その成果も活かしながら大学の授業科目を担当してきた。本書はその一端を取りまとめたものである。

この分野で刊行された教科書や専門書を挙げると、外国では“Forest Economics”や“Forest Resource Economics”などが書名となり、森林の取り扱いに主眼を置き、例えば利子率や投資、森林経営におけるリスク、法制度などの条件を変えることによる最適伐期齢、立木や丸太の価格を含む需給関係が詳述されている。一方、国内の第二次世界大戦後を例にとると、1970年代前半までは岸根卓郎著『林業経済学』や鈴木尚夫著『林業経済論序説』などのように林業を対象にする教科書や専門書が主であった。1977年刊行の熊崎実著『森林の利用と環境保全―森林政策の基礎理念―』は森林の利用と保全を厚生経済学の援用により論考し、それにもとづいて森林政策の基礎理念を示しており、この分野における礎となる書となっている。1990年刊行の半田良一編著

『林政学』で指摘されたように、1930年代後半から1970年代半ばまでの「林業政策」が国民経済の要請の変化から「森林政策」へと転換されていくなかで、その後には「経済学」の前に「森林と水」、「森林と木」、「エコロジー」、「雑木林」、「森」などを冠した書名で刊行されてきた。「森林経済学」を冠した書籍としては、管見の限りウィリアム・F・ハイド他著、大田伊久雄訳『森林経済学とその政策への応用』だけと思われる。このようなこれまでの出版物に対して、社会的なニーズの変化を勘案して、私は森林資源から林業、木材産業、木材貿易、そして最終的な木材利用となる建築までを対象とし、森林空間の利用までも視野に入れた書が必要になっていると考えた。

本書は、大学の専門課程に入る前後にある学部学生、森林や林業、木材利用などに関心をもつ一般市民や非政府組織（NGO）などの皆さん、地方自治体で森林や林業などの業務を担当しはじめた職員の皆さんに手に取っていただくことを意図して3部構成とすることにした。第1部「森林の基礎知識」では、森林の定義ととらえ方、森林の有する機能と管理の方向性、森林資源の歴史的趨勢とその変化要因を取り上げ、森林に関する基礎知識の習得に加えて森林資源に対する時間軸と空間軸からの見方や分析視角の提示を含意した。第2部と第3部では、森林・林業、木材産業、木材利用の分野における実証的解説とともに、経済学の一部を援用する形で分析手法の紹介を意図した。具体的には、第2部「資源・環境としての森林と経済学」で社会的関心が高まっている地球温暖化問題へ寄与する森林の役割、森林に関する経済評価、産業連関分析と森林資源勘定で構成し、現代社会における森林の取り扱いや地域との関連などを解説した。第3部「日本における林業・木材産業の経済学」では、日本における木材需給、森林資源と林業経営、木材産業、木材の流通と貿易、木材利用と建築を取り上げ、日本の森林についてどのように保全と利用を両立させていくかに視座を与えることを念頭においた。

本書が読者の皆さんの勉学や研究、業務などの役に立つとともに、私たちの行動を通じて国内外における持続的な森林管理と木材利用の実現に結びつくことを祈念している。なお、本書における誤謬は筆者の責任であり、それへの指摘も含めて、読者の皆さんから忌憚のないご批判や感想を頂戴できれば幸いである。

目　次

第3部　日本における林業・木材産業の経済学

第1部
森林の基礎知識

第1講
森林の定義ととらえ方

第1節　森林の主な分類

1．森林の分類

森林は樹木の集合体であり、さまざまに分類される。森林を温度条件、葉の形、人為の程度、所有の形態、施業の内容、用材という視点で分類してみよう（日本林業技術協会編　2001，477～478頁）。

温度条件は、水平方向と垂直方向でとらえられる。水平方向では、赤道直下の熱帯林から、北半球であれば北上するに従って亜熱帯林、温帯林（暖温帯林、中間温帯林、冷温帯林）、亜寒帯林、寒帯林へと変わる。南北に長く、標高の高い山々の連なる日本では亜熱帯林から寒帯林までが分布している。北海道では主に冷温帯林と亜寒帯林からなる。また、垂直方向では低地林から山地林、亜高山帯林、高山帯林へ変化する。標高が上がっていくに従って、樹木として成長できる樹種が限られ、ある程度以上高くなると樹木として成長できない、更新できないことになる。森林として成立するかどうかの境目を、森林限界という。

樹種は、葉の形によって針葉樹（裸子植物）と広葉樹（被子植物）とに分けられる。針葉樹は生育期に低温や乾燥に耐性を有すという特徴があり、水平分布でも垂直分布でも広葉樹より厳しい生活条件の地域に分布している。常緑広葉樹や照葉樹、落葉針葉樹といった落葉の有無による区分もある。２種類以上の樹種によって構成された森林を混交林、針葉樹と広葉樹とが混じった森林を針広混交林という。

人為とは更新（regeneration）における人の関与、人が手を加えることを指す。森林全体を**図1－1**のようにとらえたときに、左側に示す天然林は原生林（原始林、一次林）と二次林から構成される。種が落ちて芽が出て大きくなる（天然下種更新）、あるいは伐り株から萌芽する（萌芽更新）という形態で天然更新により成立した森林が天然林であり、幼齢から老齢までのさまざまな樹木から構成されている。天然更新がうまくいくには一定の条件が揃う必要があり、例えば十分な数の実生の発生と発芽後に稚樹として定着することが前提となる。そのためには林内の条件を整えるための作業が必要となり、そこに人手や時間をかけるために一定の費用を要すことになる。天然林のなかの原生林は、伐採のような人為が加わっていない、台風などによる風倒や森林火災などの大規模な自然災害（自然かく乱）がなかったという2つの要素を兼ね備えた森林である。これらが記録や痕跡に残っているかどうかで判断され、数百年の期間を取ると考えていい。自然災害が発生すると森林の有する植生が大きく変わることになるため二次林となる。**図1－1**の右側に示すのは人工林であり、こちらは人が種から苗木を育てて林地に植える、あるいは人が林地に種を蒔くことによって成立した森林のことをいう。数haや数10haのような面積で一斉に人工造林されることが多いため、同じくらいの太さ・高さの樹木が林立している。なお、日本では天然林の約8割が広葉樹からなっている。

誰が所有するかでも森林は分類される。例えば、日本でいうならば国有林や民有林、私有林である。国有林は国の所有する森林であり、民有林には個人や企業等が所有する森林（私有林）に加えて、都道府県や市町村、財産区のような地方公共団体の所有する森林（公有林）も含まれる。日本では国有に対して民有が用いられているが、筆者が海外調査や文献調査で得た知見にもとづくと、海外では民有林という言い方をするのは稀である。国有と州有等をあわせて公有とし、それに対して私有が用いられる。

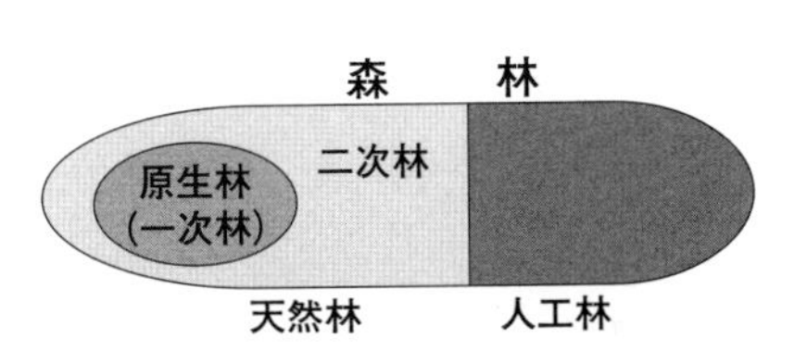

図1－1　人為の程度による森林の分類
出所：筆者作成

森林は施業面からも分類される。生産林あるいは経済林は法令による制限を受けずに木材生産を行える森林であり、木材生産の対象となる。保護林は、日本の国有林における森林生態系保護地域や生物群集保護林、希少個体群保護林のように法制度によって保護され、人為を加えない森林である。制限林は、後述する公益的機能の発揮のために、保安林のように施業に対する一定の制約・制限があるところである。保安林制度は1897年の森林法において導入され、日本の森林政策において重要な柱となっている。また、混牧林は林業と家畜の放牧とを一緒に行う森林であり、例えば若齢の森林において牛や羊を放牧して下草を食させることで下刈りを代用させ、森林の成長を促すことが行われてきた。

森林で生産される丸太は、産業用材（industrial roundwood）と薪炭材（fuel wood）に分けられる。産業用材は用材ともいう。米材あるいは北米材はアメリカ合衆国とカナダで生産された丸太、南洋材は東南アジアやアフリカの熱帯地域で生産された丸太、北洋材はロシアあるいはかつてのソビエト連邦で生産された丸太のことをいう。例えば、南洋材は南の海洋で生産されたという感じもするが、日本からみて南方にある国・地域で生産された丸太ということになる。また、欧州材はドイツやオーストリア、フィンランド、スウェーデン、ノルウェーなどといった欧州各地で生産された丸太である。アフリカ産の丸太だけを特別にいう場合にはアフリカ材と表記することもある。

また、英語では針葉樹を softwood、広葉樹を hardwood とも表記する。相対的にみて針葉樹は軟らかく、広葉樹は堅いという特徴があり、産業用材としての用途にもそれぞれに特徴がある。例えば、針葉樹材は通直性があって加工をしやすいために柱や横架材、土台などに製材され、また繊維が長いという特徴から破れにくいクラフト紙の原料として用いられる。広葉樹材はその堅さを活かして家具や床用に加工されることが少なくなく、その繊維の短さから滑らかな印刷情報用紙などの原料となる。

2. 森林施業

森林施業について、日本を例にとって人工林と天然林に分けて確認してみる。

人工林では、地拵え（整地）をした林地に苗木を植栽し、５年程度の期間に下刈りを年に1回程度行い、若齢の間に他樹種の天然更新があった場合に除伐する。初期の育林期間の後に植栽後10数年した頃に第1回間伐を行い、その後におおむね10年弱の間隔をもって第2回、第3回の間伐を入れる。本数でみた近年の間伐率は30％程度のことが多い。その間に、地域や樹種によって枝打ちを入れることもある。そして収穫のための主伐を行うことになるが、植栽からの期間は日本の南西部で短め、北東部では長めになっている。主伐は植栽後におおむねスギで40年～60年、ヒノキで60年～80年で行われる。人工林の主伐では、多くの場合に皆伐が行われる。皆伐された後には地拵えをし、再造林を行う。人工林の大部分は将来の丸太生産に向けて造成されており、住宅の柱や横架材、土台などに使われるように適切な施業が行われることが大事になる。

天然林は、さまざまな樹木が混じっており、通直性も十分ではないため、生産される丸太の価格は安くなることが少なくない。これらはかつて雑木（ぞうき、ざつぼく）とも呼ばれ、天然林のことを雑木林ということもあった。生産用の天然林が成林して皆伐されると、その条件が整えば、落ちた種や萌芽で天然更新していく。天然林の成長過程で萌芽枝の整理とか、枝打ち、つる切りとかの施業を行いつつ、自然に大きくなるのを待つことになる。また、天然林には大きく分けて2とおりの伐採・販売方法があり、長期間にわたって成長を促し、大きくして1本単位で択伐して家具用などとして高価に販売する場合と、天然更新後30年～40年ほどで皆伐してパルプ用や燃料用として販売する場合である。

第2節　森林の定義

1．森林の把握

長い歴史のなかで、私たち人類は多面的に森林を活用してきており、森林が私たちの生活や社会、経済を少なからず支えている。その森林を再生可能資源として適切に管理し、そこから産出される木材を持続的に利用していくことが私たちに求められている。世界の森林資源は、だれがどのような理由から把握しているのであろうか。まず、そのことから説明を始めよう。

国連食糧農業機関（FAO）のホームページにある森林資源評価の歴史にもとづくと、1945年秋のFAO第1回会合において、世界の森林資源に関する最新情報を整える必要性が強調された。そして、1946年5月に森林・林産物部が設立され、FAOが初めて世界的な森林評価に着手した。このときには、世界の森林の約66％を占める101ヵ国へのアンケート調査が行われ、すべての国から回答がえられた。調査に含まれた項目は、森林面積（総面積と生産可能面積）、アクセス可能な森林の種類、成長、伐採であった。この調査は1948年に「世界の森林資源」（FAO 1948）として出版された。1951年の第6回FAO会合では、世界の森林資源態様に関する情報を提供するための恒久的かつ継続的な機能を維持するよう勧告が出された。

世界初の森林インベントリー報告書では、多くの国で信頼できる森林インベントリー情報が不足していること、また一般的に受け入れられている用語や定義がないことが指摘された。それを受けて、インベントリー評価のパラメータや定義が検討され、森林資源に関する知識が国レベルで向上し、技術が進歩するにつれて世界森林資源評価は広がりと質を増した。第1回の調査以来、5〜10年ごとに地域調査や世界調査が行われ、その調査の様式はそれぞれ多少の差異があった。1948年から1963年までにFAOが発表した世界の森林被覆に関する統計は主に各国に送られたアンケート調査を通じて収集されたものであったが、1980年以降の評価ではより確かな技術が導入された。アンケート調査に代わって専門家の判断、リモートセンシング、統計モデリングに支えられた各国の資料分析にもとづくようになったのである。そして、1980年以降の調査結果は時系列での比較が行えるようになっている。それにより、森林資源を取り上げる際にFAOのデータが広範に活用されるようになっている。

なぜFAOが世界の森林資源を調査して把握するのであろうか。理由として2つが考えられる。まず、第二次世界大戦を終えて社会が安定し、経済が発展していくだろうと見込まれる状況下では、食糧生産のために必要になるだろう農地をどう確保するかを考えなければならず、農地に転用できる土地として林地、森林地帯が想定されることから、その把握が必要だったのである。また、この段階では燃料としての木材がきわめて重要であり、煮炊きや暖をとるための木材をえられる森林、いわゆる薪炭林がどこにあるかを把握することも必要だったのである。

2. 森林の定義

ここでは、森林とはどのように定義づけられるかを考えてみよう。

図1－2は、樹冠（canopy）が三角のものを針葉樹、丸いものを広葉樹と仮定し、森林を横からみた概念図である。針葉樹でも広葉樹でも、幹から枝が出て、さらに小枝や葉がついて樹冠を形成している。これを基準として森林をとらえることになる。樹木に上から光を当てると下に影ができ、これを樹冠被覆や樹冠投影という。この樹冠被覆や樹冠投影にもとづく閾値が、森林と定義されるかどうかの判断基準となる。森林を上からみた概念図が**図1－3**であり、ここでは横100m×縦50mという四角の範囲を想定した。樹冠が重なっている部分も単独の部分もあるなかで、森林の定義は樹木の樹冠投影面積あるいは樹冠被覆面積が四角の面積に対してどのぐらいを占めるかで計る。

FAOは*Global Forest Resources Assessment 2000*（FRA2000＝世界森林資源評価2000）のなかで、「樹木の樹冠投影面積が地表の10％以上を占める0.5ha以

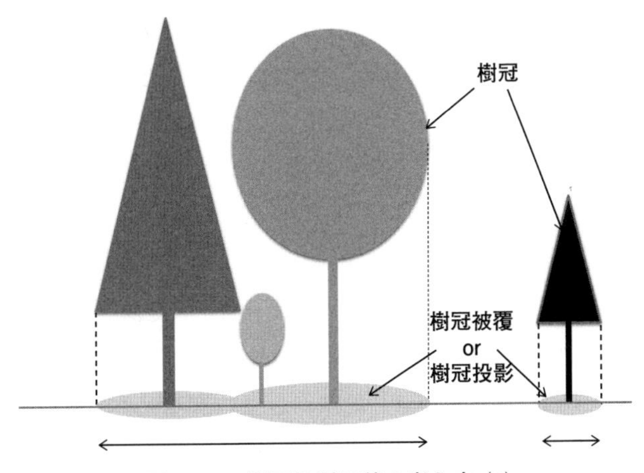

図1－2　樹冠投影面積の考え方（1）

出所：筆者作成

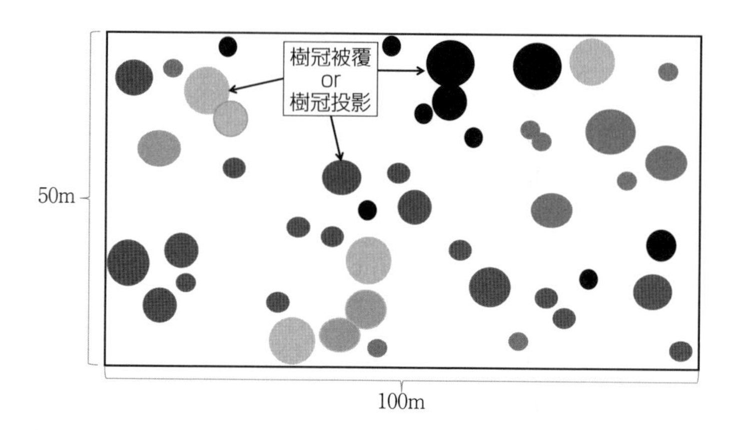

図1－3　樹冠投影面積の考え方（2）

出所：筆者作成

上の土地を森林と定義する」とした。1990年代までは、既発展国の森林については樹冠投影面積率20％以上、発展途上国では10％以上と、既発展国か発展途上国かで分けられていた。このFRA2000で世界共通の定義が作られ、樹木のまとまりとしての森林かどうかで定義づけられた。さらに、成熟期に樹高５ｍ以上に達すること、疎林では草木が継続的に繁茂していること、プランテーションのゴム園やコルクガシ林は含まれるが、果樹林などの農業用樹木は除外されることになった。例えば、天然林に生えているクリの木は栗の実を採るために植えられたわけではなく、大きくなると住宅部材などに使用されることもある。それに対し、畑にクリの木を植えると栗の実を採取して販売すると農業用になり、森林の定義に含まれない。また、ゴムの木は幹に傷をつけて樹液を採って製品化し、それを私たちが日常に使うわけだが、この樹液はいわば特用林産の位置づけでとらえられ、樹液を採取できなくなった後には家具の部材や積み木などに使われる。そのため用材や薪炭材として位置づけられ、森林としてとらえられる。その他に、樹冠投影面積が長期（おおむね10年以上）にわたって地表の10％を下回る状態は森林の定義から外れる。例えば、まばらに樹木が生えているような草原からなるサバンナでは、樹冠投影面積が地表の10％以上ならば森林となるが、10％を下回る状態が続くと森林から外れる。

私たちは森林の変化をとらえるときに３つの表記、「消失」、「減少」、「劣化」を用いる。森林の消失はそれまでの森林がなくなることを意味し、減少を伴う消失となる。減少については、樹冠投影面積が地表の10%を下回る状態になると森林の定義にはあてはまらなくなる。0.5ha あたりの土地でみたときに樹冠投影面積が30%から５%に落ち、それが続くならば、樹木は若干みられるものの、森林の定義から外れたということで統計上は減少となる。劣化については、例えば樹冠投影面積が70%あった森林が虫害の発生や風倒の発生により20%になったならば、定義としては森林に変わりはないが、森林の質は前よりも劣る状態になったといえ、劣化という表現をあてるのが適当といえよう。樹木が全くなくなる「消失」、森林の定義から外れた「減少」、そして森林の定義から外れないが森林の内容が以前よりも劣るという「劣化」を使い分けられると、より実態が伝わりやすくなる。

3．FAO による森林区分

1980年以降に FAO による森林区分が変化してきているので、そのことを図１－４により説明していこう。1980年には天然林と人工林に分けられていたが、

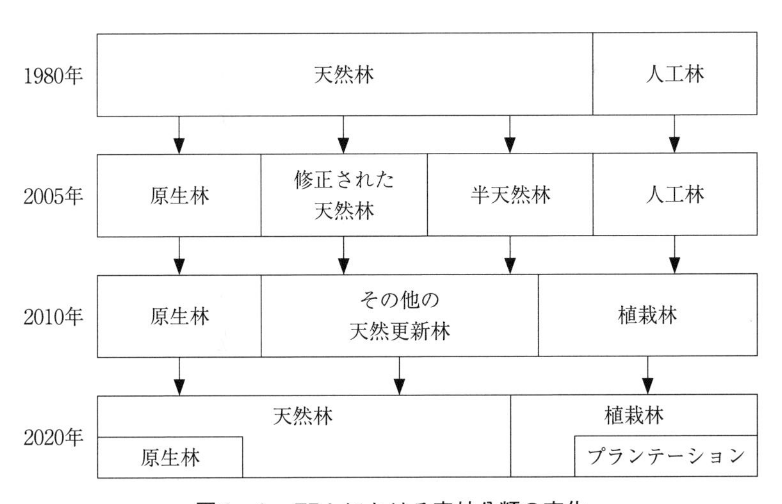

図１－４　FRA における森林分類の変化

出所：FAO のホームページにある過去の FRA をもとに筆者作成

森林把握の方法が高度化するなかで2005年に天然林が原生林と修正された天然林と半天然林に分けられた。修正された天然林には、択伐を基本とする伐採規則となっていた熱帯天然林が主にあてはまった。半天然林は、欧州の温帯林やアジアのチーク林において択伐よりも高い割合で伐採がなされて自然再生が難しいところに、播種や補植を加えて将来的に望ましい森林を目指しているというのが代表例である。2010年には人工林に代わって植栽林（planted forest）が用いられるようになり、半天然林のうち植栽や播種によって成立した森林が含まれるようになった。2005年の半天然林の一部が植栽林に再分類されたのである。そして、2020年になると、大きく天然林と植栽林の区分となり、天然林の一部として原生林が、植栽林の一部としてプランテーション林が含まれることとなった。プランテーション林は、１～２の外来種で構成され、均等な林齢、一定間隔で植えられた森林である。木材や繊維、エネルギー、非木材森林産物の生産のために用いられる。

４．日本における森林の定義

森林の定義は国や地域でもなされてもいる。ここでは、日本の例を紹介しよう。日本でもFAOの定義をもって森林面積をとらえていると考えてよいが、日本の森林・林業基本法第11条にもとづいて策定される「森林・林業基本計画」による政策対象の森林が定められている。農林水産大臣は森林法第４条によって全国森林計画（15年計画）を策定し、そのもとで森林法第５条において都道府県知事が策定する地域森林計画（10年計画）の対象森林（民有林、「５条森林」ともいう）、第７条第２項において森林管理局長が策定する地域別の森林計画（10年計画）の対象森林（国有林、「７条森林」ともいう）が定められている。そのもとで、一般の森林所有者に対する措置として、「伐採及び伐採後の造林の届出」、「施業の勧告」、「無届伐採に係る伐採の中止命令・造林命令」、「伐採及び伐採後の造林の計画の変更・遵守命令」、「森林の土地の所有者となった旨の届出」などがある。

また、京都議定書第１回締約国会議にもとづいた森林の定義も別にある。環境省の「森林の定義と京都議定書３条４活動の選択について」では、森林を

「木竹が集団して生育している土地及びその土地の上にある立木竹、もしくは木竹の集団的な生育に供される、0.3ha 以上の土地。ただし、主として農地又は住宅地若しくはこれに準ずる土地として使用される土地及びこれらの上にある立木竹を除く」と定義している。その具体的内容としては、最小面積が0.3ha、最小樹冠被覆率は30%、最低樹高は5m、最小森林幅は20mであり、FAOの定義よりも厳しい内容とみなされる。ただ、日本では年降水量が多く、森林が密に生えていることから、どこをとってもFAOの定義にも京都議定書の定義にもあてはまり、ほとんど齟齬がないと考えられる。なお、政府は「森林計画対象森林をもって京都議定書にもとづく森林とみなし、報告の基礎データとして森林簿を用いる」としている。こうした定義を設けて厳密に森林を把握しているが、基本的にFAOの定義の結果と同じになるといえよう。

ここで、九州大学元教授の塩谷勉は1978年発行の『林政学』で森林の定義がいくつか考えられるとしている。1つ目は現状説で、土地とその上に集団的に生えている樹木の総体を森林としている。2つ目は地籍説で、市役所や町村役場にある土地台帳に地目として「山林」と登録された土地を指す。日本の土地台帳や不動産登記簿に地目として「森林」はなく、「山林」となっていることには留意したい。3つ目は目的説であり、明治期以降の森林のとらえ方として書かれている。木材その他林産物の育成採取の用に供される土地を指し、経済的な見地から林業の対象になるところを森林とするものである。塩谷は、「樹木が集団的に生えている土地および林業の用に供される土地」と定義づけ、これは明治40年「森林法」の原案とほぼ同じとしている。現時点では現状説が世界的にとられており、樹木が集団的に生えている土地と樹木の総体を含めて森林となっている。

第3節 日本と世界における森林・林業・木材産業の概況

ここで、次講以降への導入として、世界や日本における森林・林業・木材産業がどのような状況にあるのかを概観しておきたい。

まず、主要国の森林面積と丸太生産量を**表1-1**に示す。丸太生産量と森林

表１－１　主要国の森林面積と丸太生産量

	丸太生産量（2020年）		森林面積	丸太生産量					
		うち用材	（2020年）	森林率	人工林	人工林率	全森林	人工林
	千㎥		千 ha	%	千 ha	%	㎥/ha	
日本	30,349	23,417	24,935	68.4	10,184	40.8	1.22	**2.98**
米国	429,700	369,175	309,795	33.9	27,521	8.9	1.39	15.61
カナダ	132,180	130,430	346,928	38.2	18,163	5.2	0.38	7.28
オーストリア	16,790	11,462	3,899	47.3	1,672	42.9	4.31	10.04
スウェーデン	76,060	70,600	27,980	68.7	13,912	49.7	2.72	5.47
ドイツ	84,051	61,790	11,419	32.7	5,710	50.0	7.36	14.72
フィンランド	60,233	51,296	22,409	73.7	7,368	32.9	2.69	8.17
フランス	47,703	24,259	17,253	31.5	2,434	14.1	2.76	19.60
オーストラリア	36,836	32,710	134,005	17.4	2,390	1.8	0.27	15.41
ニュージーランド	35,969	35,969	9,893	37.6	2,084	21.1	3.64	17.26
世界	3,964,117	2,019,972	4,058,931		293,895		0.98	13.49

注：丸太生産量は薪炭材と産業用材の合計である。
出所：FAO（2020）および FAOSTAT Forestry をもとに筆者作成

面積は2020年のデータである。森林率をみると、フィンランドが73.7%、スウェーデン68.7%、日本68.4%の順であり、人工林率はドイツが50.0%、スウェーデン49.7%、オーストリア42.9%、日本40.8%となっている。なお、ここでは補植なども含んで定義された人工林であるため、ドイツなど欧州の一部において高い値となっている。**表１－１**の左端は丸太生産量であり、右隣にそのうちの用材生産量をおいた。右端の２列は ha あたりの丸太生産量であり、そのうちの左側が全森林面積を分母にし、右側が人工林面積だけを分母にして計算した値である。日本は全森林面積で1.22㎥/ha、人工林面積では2.98㎥/ha なのに対して、ドイツは全森林で7.36㎥/ha、人工林で14.72㎥/ha と多く、オーストリアでも日本の３倍超となっている。この１ha あたりの丸太生産量のデータでみていくと日本はとても少ないことがわかる。

林業活動の国際比較として、林業労働力をみていきたい（**表１－２**）。燃料材

表1－2　2019年における林業活動の国際比較

	丸太生産量（万㎥）	林業労働者数（人）	1日1人あたり生産量（㎥）
日本	3,035	44,000	3.1
カナダ	14,517	38,547	16.7
スウェーデン	7,550	41,000	8.2
ドイツ	7,617	34,421	9.8
フィンランド	6,396	20,400	13.9
フランス	4,987	28,700	7.7
ニュージーランド	3,597	8,500	18.8

注1：欧米の丸太は皮なし材積である。また、労働者はフルタイムで年間225日勤務した者が計上されている。
注2：経済活動の分類NACE Rev. 2にもとづく分類のforestry and loggingであり、Division 02に定義されている。
出所：FAO（2021）およびEU（2020）Agriculture, forestry and fishery statistics, 2020 editionなどをもとに筆者作成

も含めた丸太生産量と、植栽から伐採までさまざまな業務を行うフルタイム労働者を対象とする林業労働者数のデータを用いている。単純に割り算をするのは大雑把であるが、年間225日の従事と仮定して1日1人あたり丸太生産量を計算してみた。その結果、1日1人あたり10㎥を超しているのはカナダ、フィンランド、ニュージーランドで、ドイツ、フランス、スウェーデンも7㎥～9㎥台であった。それに対して、日本は3.1㎥にすぎない。実際に海外の調査をしていると、欧米の多くの林業国では1日1人あたり丸太生産量は25㎥～30㎥で、**表1－2**の値の2倍ほどとなっていた。日本では、丸太生産の効率をいかに向上させていくかも大きな課題となっている。

日本林業の発展にとって、これからどのようなことが必要になるだろうか。これが、この講義を通じて考えたい重要な課題でもある。私は、日本の林業はこれから明るい方向に発展すると期待している。今ここで示したような、森林の態様や主要な国に対する日本の位置づけを頭の片隅に置きながら、持続的森林管理や木材利用、そして林業発展の方途を本講義で皆さんとともに検討していきたい。

【引用・参考文献】

FAO (2020) *Global Forest Resources Assessment 2020 Main report.* FAO

大田猛彦・北村昌美・熊崎実・鈴木和夫・須藤彰司・只木良也・藤森隆郎編『森林の百科事典』丸善、1996年

日本林業技術協会編『森林・林業百科事典』丸善、2001年

この講の理解を深めるために

(1) 原生林と二次林はどう違うか？

(2) 森林の違いを森林の管理にどう活かしていけばよいか？

(3) 主要国の森林面積と丸太生産量のデータから日本林業にはどのような取り組みが必要と考えられるか？

第2講
森林の有する機能と管理の方向性

第1節　森林の多面的機能と経済評価

1．森林の多面的機能

森林には公益的機能と物質生産機能とからなる多面的機能がある（図2－1）。公益的機能を例示すると、生物種や遺伝子、生態系などの生物多様性保全機能、炭素吸収・固定などによる地球温暖化の緩和などの地球環境保全機能、表層浸食防止や土砂流出防止などの土砂災害防止・土壌保全機能、洪水緩和や水資源貯留などの水源涵養機能、大気浄化や騒音防止などの快適環境形成機能、療養や保養などの保健・レクリエーション機能、景観や森林教育、伝統文化などの文化機能が挙げられる。生産機能は、木材および食料（キノコなど）、肥料、飼料などの非木材森林産物を産出する機能である。水源涵養機能を例に挙げるならば、森林土壌にさまざまな間隙が形成されることによって保水機能が高まり、大雨時の河川流量を調節することにつながる。このような森林から私たちが得られる効用は、森林にどのような機能があるかに関連づけてとらえられる。

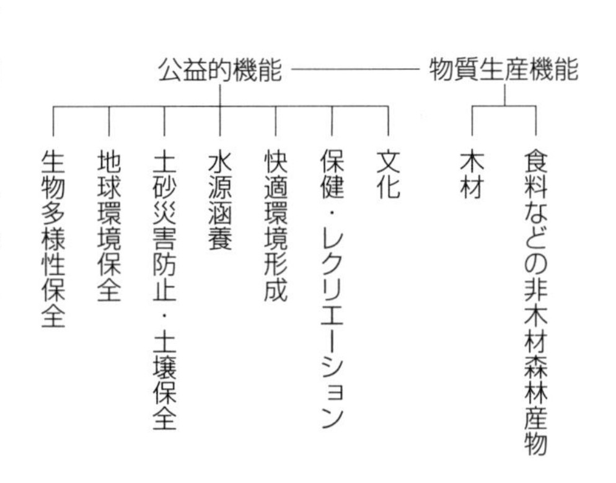

図2－1　森林の有する多面的機能
出所：日本学術会議（2001）をもとにして筆者作成

このことを非排除性と非競合性

という観点から考えてみよう。非排除性は対価を支払わなくても財・サービスを消費できるという特質を指し、例えば公園（都市公園）が挙げられる。私たちは近隣の公園でブランコや砂場で遊ぶ際にお金を支払わなくても楽しむことができる。非競合性は、ある財・サービスの供給量が一定としたときに、消費者の人数が増減しても個々の消費者の消費量は変化しないという特質である。例えばテレビやインターネットがこれに相当する。テレビである番組を視るのに、私が視ているから他の人が視られないことはなく、消費者の人数が増減しても視たい人は視られる。

ここで、赤尾（1993）にもとづいてｘ軸に非排除性、ｙ軸に非競合性をとり、森林の有するさまざまな機能をプロットしてみると**図２－２**のようになる。非排除性も非競合性もなければ原点の私的財となる。例えば、筆者がお金を払って購入したボールペンは筆者のものであり、他の人は無断で使うことはできない。ここから右上へ移動していくと最上位にくるのが純粋公共財である。その例としては炭素固定機能が挙げられ、非排除性も非競合性も高くなる。皆が同じように炭素固定機能の便益を享受することができる。炭素固定や大気浄化、生物多様性保全、土壌保全は右上に位置づけられ、水源涵養や保健文化といったさまざまな公益的機能がその左下にあり、原点に近いところに木材生産がくる。森林はこのようにさまざまな機能を有している。

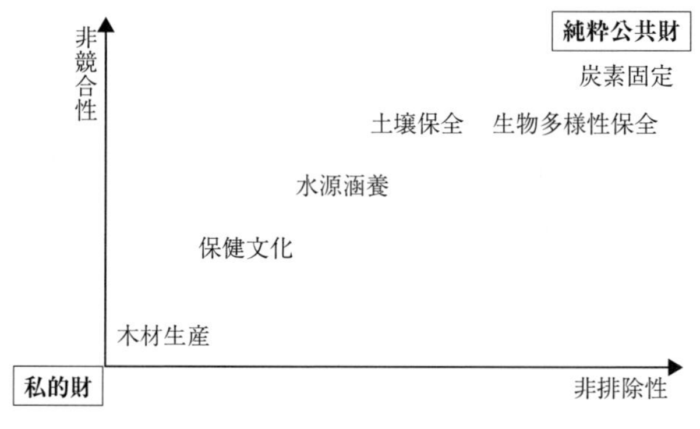

図２－２　経済学からみた森林の諸機能

出所：赤尾（1993）図-１をもとに筆者作成

私的財として市場取引されることにより、森林の有する機能の一部は立木価格や木材価格によって評価される。「一部」とするのは、公共財として市場で取り引きされない部分は価値に含まれないためである。公益的機能を増進させるような森林再生や保全の費用が消費に含まれていないことが考えられ、その対価を支払っていないとすると「フリーライダー」という問題が生じる。対価を適切に支払わずに、森林の有する諸機能を享受している面がある。森林の価値が適切に評価されなければ、十分な管理が行き届かないこととなって森林資源の量的減少や質的低下が進み、ますます森林の健全性が損なわれることが危惧される。私たちが森林の有する公益的機能を十分に享受できなくなることも考えられるのである。この価値に反映されない部分を私たちはどう把握し、どう対処すればよいだろうか？

森林の有する機能について、それぞれの及ぶ地理的範囲を考えると、炭素固定機能という地球規模から水源涵養機能という流域、さらに社寺仏閣の境内にある木々までさまざまに想定される。それらを享受する消費者の範囲も私たち１人ひとりから全地球規模にまで広がっていく。こう考えると、森林の価値の総体を適切に評価することはますます難しくなってくる。実際のところ、私たちは森林の有する機能や効用を認識し、その再生・保全の一部を負担している。日本を例にとると、税金の一部が補助金として再造林や間伐などの森林整備に向けられており、国民が森林再生・保全費用の一部を担っている。

このことを念頭において、次項では森林の経済評価の仕方をみていこう。

２．森林の経済評価

森林の多面的機能、特に公益的機能がどのように評価されるかを考えてみよう。日本学術会議が2001年11月１日に公表した「地球環境・人間生活にかかわる農業及び森林の多面的な評価について」（**表２-１**）では、国内における二酸化炭素吸収が年間１兆2,391億円、表面浸食防止が28兆2,565億円、表層崩壊防止が８兆4,421億円、水質浄化が14兆6,361億円、保健・レクリエーションは２兆2,546億円などと評価されている。こうした機能に対する主な評価方法には、第５講で取り上げる代替法、仮想評価法（CVM)、旅行費用法（TCM）などが

表2-1　森林の多面的機能の評価額（一部の機能）

機能	評価額／年
二酸化炭素吸収	1兆2,391億円
化石燃料代替	2,261億円
表面侵食防止	28兆2,565億円
表層崩壊防止	8兆4,421億円
洪水緩和	6兆4,686億円
水資源貯留	8兆7,407億円
水質浄化	14兆6,361億円
保健・レクリエーション	2兆2,546億円

出所：日本学術会議（2001）19頁にもとづき筆者作成

用いられている。

ここで一例を示せば、水資源貯留の8兆7,407億円は代替法でとらえられている。これは水を溜めておく機能であり、貯水ダムを建造するのにどれだけの費用がかかるか、維持管理にどれだけの費用がかかるかにもとづくことになる。また、CVMに関しては、景観などの環境改善に対する支払意志額や環境悪化に対する受入補償額を答えてもらうことにより評価額を推計する。TCMは、どこかの山に行く、森林公園に行くといったような旅行やレクリエーションをする場合に支払う交通費や装備品代（例えば登山靴や雨合羽など）などの旅行費用などを訪問者に尋ね、その結果を集計することによって評価額を算出する。

生物多様性保全機能や文化機能などのように、経済評価し難い機能も少なくない。それらをすべて評価するのは不可能といえるが、評価し得るところをさまざまな評価手法を駆使して推計することになる。そして、その価値も参考としながら森林管理につなげていくのである。日本学術会議による推計結果は多面的機能の一部の評価と考えられるが、それでも年間の評価額は総額約70兆円になる。国内森林面積の約2,500万haでこの総額を割ると、1haあたり約280万円という結果が得られる。少なくともこれだけの価値を森林がもつと考えられる。日本における近年の国内総生産（GDP：Gross Domestic Products）は約540兆円を超えるほどであり、森林の公益的機能の評価額は結構な額になることがわかる。

第2節　自然資源のとらえ方と森林管理の方向性

1．自然資源の特質

私たちが直面する課題として、多面的機能を有する森林などの生態系を適切に保全しつつ、再生可能な自然資源を有効に活用することが挙げられる。再生可能な自然資源を適切に保全・活用するならば、一定の質と量を継続的に保てると考えられる。この自然資源、エコシステムにどう向き合うかが大事になってくる。エコシステムとして個々の資源をとらえ、それらのさまざまな連関を考え、そして生態系構成要素の最適なバランスを探求することが必要となってくる。そこで、多様な森林を区分（ゾーニング）しながら、いかに利用していくのか、保全していくのかをここで考えてみたい。

自然資源の特質について、私たちは２つの側面、時間軸と空間軸からとらえることができる。時間軸で考えると、例えば樹木そのものは生物学的に年々成長し、数10年や数100年をかけて大きくなる。最初のうちはゆっくり成長するが、ある時期になると急速に大きくなり、またある時期から成長はゆっくりとなる。これは私たち人間の成長とも似ている。空間軸については、樹木や森林が元来どのように立地していたか、自然条件や社会経済条件の変化にともなって立地がどう変化してきたかという観点である。樹木や森林の特性をみながら、どのように配置するかを考えることになる。森林は何本もの樹木からなるのが一般的であり、ある程度まとまった空間に立地している。自然条件や社会経済条件の変化を踏まえながら、それをどう取り扱い、管理していくのかを検討することになる。

土地の有限性について、マルサスが「土地の量に限りがある」ことを指摘し、限界地までの範囲内であれば耕地を拡大するなかで収穫を増やせるとした。リカードは「土地は同質でない」こと、質の高い耕地ほど早くに利用され、利益もより多く生むことを指摘した。これらの視点から、森林資源などを有限性でとらえることができる。**表２－２**では、行に上から鉱物資源、土壌、森林資源、

表2－2　自然資源の特質

	枯渇性・有限性		経年での大きな変化		異時点での質的違い
	本来	現実	本来	現実	
鉱物資源	○	○	○	○	○
土　　壌	×	△	×	○	○
森林資源	×	△	×	○	○
水 資 源	×	△	×	○	○

注：○はあり、×はなし、△は○になり得ることを意味する。
出所：筆者作成

水資源をとり、列には枯渇性・有限性について本来あるべき姿と現実、そして経年での変化を本来と現実、異時点での質的違いがあるかを整理している。表中の○はあり、×はなし、△は○に変わる可能性のあることを示している。

鉱物資源には枯渇性・有限性が本来ある。例えば石油資源の埋蔵量に限りがあり、採掘していくと将来なくなるという枯渇性も認められる。これに関してはピークオイル説があり、石油生産量がピークを迎えて減少するようになり、他方では発展途上国などで需要が増大して需給ギャップが大きくなるという懸念が挙げられる。鉱物資源の経年での変化については本来も現実もありで、掘り進んでいくと量的にも質的にも以前より劣化することが考えられる。鉱物資源では、同じ鉱物でも採掘地により質に少なからず差異がある。

それに対して森林資源はどうか。第１講で示したように、水平方向と垂直方向という温度条件が影響して、異地点間で適する樹種に違いがあり、森林にも差異が生まれる。他方、ある地点の樹木の１本１本を考えると、本来ならば種が落ちて発芽して（天然更新して）成長していく。樹齢が高まるなどにより枯死すれば、その近くにある次の世代の樹木が代わって成長していく。また、草地や放棄地などに種子が届いて樹木が成長することも珍しくない。これらのことを念頭に置くと、樹木の生育にとって適する環境にあるならば、樹木の集合体である森林に本来的な有限性はなく、枯渇することもないと考えられる。ところが、現実としては過度な森林伐採や自然災害等によって森林資源そのものの枯渇性が高まっている。第３講で世界の状況をみるように、森林の減少は続き、地域によっては消失する事態も発生している。経年での変化についても、天然更新することにより同様の樹種構成が続くと考えられることから変化は生じないといえるわけだが、実際には天然林の一部では産業用の人工林に代える拡大造林により樹種が転換され、地域的にみると経年で変化している。異地点での質的違いも地域によっては樹種転換をともなって進んでいるのである。

自然資源としての森林資源をとらえるときに、時間軸と空間軸において平準化させつつ活用することが重要と考えられる。樹木には樹齢があり、そのまとまりの森林にも林齢がある。ここでの平準化とは、横軸に林齢をとり、縦軸に面積をとったときに、凹凸がなるべく少ない状態を指す。第8講で詳細を示すが、日本の林齢構成は天然林も人工林も60年生～70年生あたりの面積が多い山型をしており、若齢の森林が少ない。森林を劣化・減少させずに持続的に管理していくには、この山型をいかに平準化するかが重要な課題となっている。

生態系管理、エコシステムマネジメントの見地から土壌や水など他の資源との関係に留意しつつ森林の量的質的最適化を図り、社会的見地から有効に活用することが求められる。対象となるのは森林だけではなく、土壌や水や農地、さらに宅地や工業用地などとの関係から、包括的かつ長期的視野のもとで森林をどのように配置するかを考えることが重要である。資源配置に関しては緩やかなゾーニングが必須であり、地産地消を起点として資源循環をしっかり行っていく仕組み作りが必要となる。例えば、人工林は人が植えて育てた資源であり、林業適地では伐採したらまた植えて次の世代を育てるという資源循環が大事である。天然林についても、私たちが成長量よりも少ない量を伐採して利用していくならば、天然林に負荷の少ない伐採となり、天然林においても資源循環ができることになる。

2. 森林態様と便益・費用との関係

森林資源の取り扱いを考えるために、熊崎（1977）を参考にして、森林態様と費用・便益との関係を整理してみよう。**図2-3**では、横軸に保持されるべき生産林の状態をとり、左側が皆伐再造林によって成立する単純な森林、右側が択伐による複雑な森林を置く。縦軸は3つの要素を含み、木材生産の便益

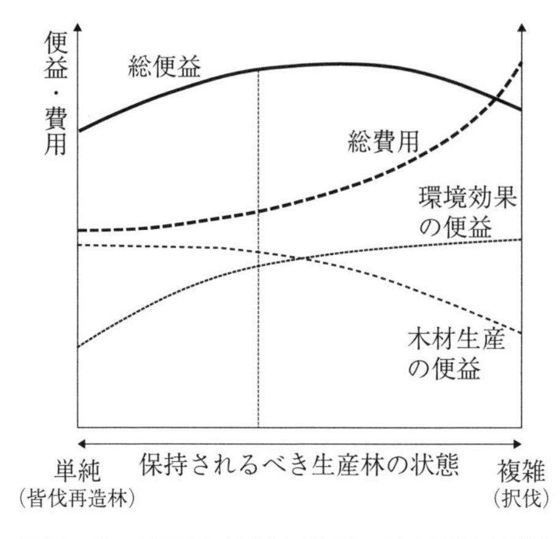

図2－3　森林の態様と費用・総便益の関係

出所：熊崎（1977）図3－2をもとに筆者作成

(木材販売収入)、生物多様性をはじめとする環境効果の便益、そして森林態様に対応する施業費用をとっている。

複雑な森林はさまざまな樹齢や樹種の木々で構成され、生産に適する樹木が択伐される。択伐では、周囲の樹木に傷をつけないように、丁寧に抜き伐り、搬出される。このように伐出された木材は優良な材として、例えば文化財の修理用や社寺仏閣の建造用などに使用されたり、高級な家具の原料になったりする。複雑な森林における環境効果の便益は高いが、木材の単価は高くとも販売量は少なくなるために木材生産の便益は低くなる。また、伐出などに要する費用は大きくなると考えられる。他方、単純な森林は同じ樹齢と樹種の木々からなり、生物多様性などの環境効果の便益は相対的に低くなるが、皆伐により木材販売量が多くなって木材販売額も大きくなることから木材生産の便益は高まる。また、伐出などの費用は相対的に小さくなると考えられる。

２つの便益曲線を足し合わせると、その上方にある総便益曲線となる。また、総費用は単純な森林で少なく複雑な森林では多くなると考えられる。森林所有者は総費用と総便益の差をとって最大になるところ、つまり縦の破線が横軸に交わるところを選択して、森林の施業を志向すると考えられる。例えば、２ha～３haを単位とする小面積皆伐と再造林を行うような施業である。図の左側の単純な森林については、木材生産を主目的に広い面積に人工林を造成し、皆伐と再造林を連年で繰り返すような林業経営であり、国内では北海道でみられる広大な農業経営のようなイメージでとらえられる。例えば、オーストラリアのユーカリやインドネシアのアカシア・マンギウム、中国のポプラ、米国南部のサザンイエローパインなどの産業造林による皆伐と再造林による林業を想定すればよい。右側の複雑な森林については、東京大学の北海道演習林のように、天然林を高齢になってから択伐する施業であり、環境効果の便益を高めながら付加価値を高くして木材生産の便益を得ることが期待されている。

小面積で皆伐し、再造林するような人工林の環境効果の便益を、生物多様性を例にとって考えてみよう。例示として植栽してすぐのところ、10年経ったところ、20年経ったところ……、という具合に、一定の拡がりでとらえると多様な林齢からなる人工林となる。植栽してから50年までの期間を考えて100haの林地を2haずつ50区画に分けてみると、1年生から50年生までの人工林があり、そこにやってくる動物は幼齢林を好んだり、壮齢林を好んだりするため、生物多様性は一定程度保たれることになる。こういう人工林を考えると、小面積皆伐と再造林をともなうことにより、一定水準の環境効果と木材生産の便益を同時に確保できると考えられる。

3．森林のゾーニングと管理

私たちは森林をどのように取り扱うことが望まれるのであろうか。森林の取り扱いとしては、生産を行うのは人工林と天然林の一部、保護するのは原生林と二次林の一部とするのが望ましいと考えられる。保護林では、稀少種の保護をはじめとして生物多様性をより高いレベルで保つことが期待される。FRA2020によると、世界において保護地域にある森林の面積は全体の18％と推定され、2010年の生物多様性条約第10回締約国会議（COP10）における愛知目標11が達成された。なお、FRA2020では森林の管理目的を、生産（木材や繊維、バイオエネルギー、非木材森林産物）、水土保護、生物多様性保全（保護区を含む）、社会的サービス（レクリエーション、観光、教育、研究、文化的・宗教的地域の保全）、既述目的の複数からなる多目的利用、その他の6つに大別し、それぞれ28％、10％、10％、5％、18％、5％で、残り23％は未指定もしくは不明となっている（小数第1位四捨五入）。このように、森林のゾーニングが世界的に取り組まれており、土地や森林の配置・利用のグランドデザインを作っていくことの重要性が高まっている。

ここで、人間と生物圏計画（Man and the Biosphere Programme：MAB）の

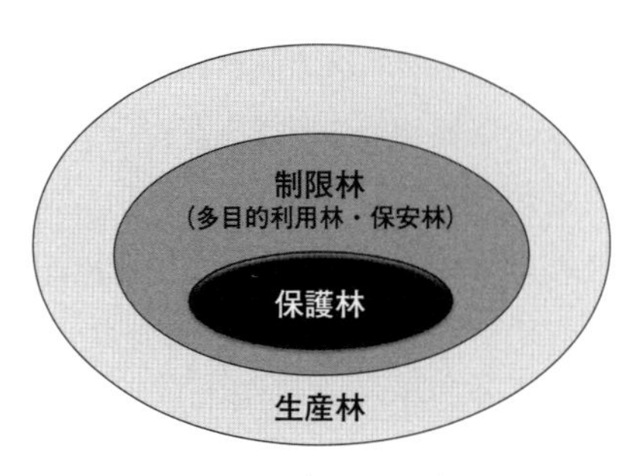

図2－4　森林ゾーニングの概念図
出所：筆者作成

ゾーニングにもとづいて森林の区分を考えてみよう。MABでは、人為的影響を排除するコアエリア、人為的影響を制限ないし緩衝するバッファエリア、人為的影響を妨げないエリアという区分をしている。森林にあてはめると、人為的影響を排除する保護林、人為的影響を制限する制限林、そして人為的影響を妨げない生産林あるいは経済林のような区分となる。例えば、山岳域において頂上に近いエリアは人為的影響を排除する保護林とし、標高の低い麓などでは野菜や穀物を作付ける田畑のように生産林を造成し、その間にはバッファエリアとして制限林とするような立地が考えられる。制限林については、多目的利用林や後述する保安林が含まれる。ここでは人為的影響を制限しながらも、社会的経済的ニーズに応じて森林を取り扱うことが想定される。

森林ゾーニングの概念を**図2－4**に示した。山岳を上から眺めたようにイメージしてもらえればよいだろう。標高の高いところが保護林、中腹が多目的利用林や保安林などの制限林、そして麓に近いエリアが生産林である。山岳域の生産林では、上述の林地100haを2ha×50区画にすることを想定し、50年生になった2haの人工林を収穫して翌年に植栽する。そうすれば、植栽直後の1年生から収穫する50年生までがそろって立地することになり、年ごとにそれらの配置は変わるけれども、人工林100haの全体としては同じ森林の状態が続くことになる。このような森林を法正林という（第8講参照）。一方で、制限林では小面積で皆伐したり択伐施業をしたりするなどを想定する。

ここで、「森林管理」と「森林経営」という用語について説明しておきたい。森林管理も森林経営も英語ではforest managementとなるが、森林のもつ範ちゅうは異なると考えられる。つまり、森林管理は森林の総体を対象にし、保護林も制限林も生産林も全部を合わせた森林を管理するととらえる。他方、森林経営は生産林と制限林を合わせた森林、つまり木材生産を行う森林に対して

表２－３　日本の国有林野における機能類型区分

単位：％、万 ha

1998年度期首		2004年度期首		2023年度期首	
公益林	46	公益林	88	山地災害防止タイプ	20
国土保全林	19	水土保全林	61	自然維持タイプ	23
自然維持林	19	森林と人との共生林	27	森林空間タイプ	6
森林空間利用林	8	資源の循環利用林	12	快適環境形成タイプ	0.03
木材生産林	54	総面積	758	水源涵養タイプ	51
総面積	761			総面積	758

注：2023年度期首において、木材等生産機能については区分に応じた適切な施業の結果得られる木材を安定供給体制の整備等の施策の推進に寄与するよう計画的に供給することにより発揮される。
出所：林野庁「森林・林業白書」各年にもとづき筆者作成

あてることが望ましいと考えられる。本書では、この違いを意識しながら講述していく。

また、日本の国有林における森林の機能区分を紹介していきたい。国有林では森林の機能区分としてゾーニングが行われてきた。**表２－３**に、1998年度の期首（４月１日現在、以下同）、2004年度の期首、2023年度の期首における機能区分と面積割合、総面積を記載した。1998年度の期首に国有林面積が761万 ha で、そのうち公益林が46％、木材生産林が54％という割合に区分されていた。公益林の内訳としては、国土保全林が国有林の19％、自然維持林が19％、森林空間利用林が８％という割合だった。これが６年後の2004年度の期首に公益林が88％に増加し、資源の循環利用林は12％となり、後者を木材生産林と読み替えると大きな変化があった。国有林では1998年に「国有林野事業の抜本的改革」が始まり、公益的機能重視の管理経営へと転換されたが、そのことがここに現れているといえる。公益林の区分が水土保全林と森林と人との共生林に変更となり、それぞれ国有林面積の61％と27％の割合となった。

2023年度の期首になると、木材生産林や循環利用林という区分がなくなった。表の注にあるように、各タイプにおいて木材生産できるところでは生産を行うという内容に変わったのである。そして、758万 ha のうち山地災害防止タイプが153万 ha、自然維持タイプが172万 ha、森林空間タイプが43万 ha、水源涵養タイプが390万 ha などとなった。保護林の指定（2023年度期首現在）は658ヵ所、101.4万 ha で、その内訳は森林生態系保護地域が31ヵ所、73.6万 ha、生物群集保護林が96ヵ所、23.7万 ha、希少個体群保護林が531ヵ所、4.0万 ha であった（小数第１位四捨五入）。また、緑の回廊として動物の往来を保護する区域が指定され、2022年度期末現在で24ヵ所、58.4万 ha となっている。このように、この25年ほどに国有林野における機能区分が大きく変更となった。木材生産機能については、発揮できるところでは継続して発揮させるという方針が続いている。

森林管理の方向性として、天然林は保護するか施業に一定の制限をもたせるか、あるいは生産活動に資するかでゾーニングする必要がある。その公益的機能の高さを考えると、保護ないし制限する森林面積が大きくなると考えられる。生産林の主体をなすのは人工林であり、その面積や土地の肥沃度などの地位をみて林業適地として経営するかを検討する必要がある。**図２-３**の環境効果の便益に重きを置いた施業を行うか、木材生産の便益に重きを置いて施業するか、あるいは縦の破線の位置で施業するかという選択が考えられる。また、日本では国有林と民有林をあわせてとらえ、さらに市町村の単位より河川流域の単位で区分して管理する方が合理的だろう。河川流域を構成する市町村が一緒になって、一つの単位として地域の森林をどう管理するかを検討することが望ましい。

世界に目を移すと、人口増加が続くなかで木材需要の減少は考え難い。そこで、単位面積あたりの木材生産効率をいかに高めるかが重要になってくる。再生可能な木材を利用することによって枯渇性の高い天然資源をなるべく使わないようにし、それぞれの地域において将来世代に天然資源から得られる効用が続くようにしたい。そのためには適切な森林の取り扱い、管理が重要になってくるのである。

４．日本の保安林

日本の保安林制度は、1897年の森林法の制定にともなって創設されており、指定された林地では立木の伐採や土地の形質変更などが規制される。ここで、日本の保安林について整理しておこう。林野庁の公表資料によると、「保安林とは、水源の涵養、土砂の崩壊その他の災害の防備、生活環境の保全・形成等、特定の公益目的を達成するため、農林水産大臣又は都道府県知事によって指定される森林」であり、「保安林では、それぞれの目的に沿った森林の機能を確保するため、立木の伐採や土地の形質の変更等が規制」されている。立木の伐採や土地の形質の変更には都道府県知事の許可が必要であり、指定施業要件として「立木の伐採方法及び限度、並びに伐採後に必要となる植栽の方法、期間及び樹種が定められて」いる。

2023年3月31日現在の国有林・民有林別の保安林面積の合計は1,303万3千ha（重複を除く実面積1,227万3千ha）であり、国土面積の32.5%、森林面積の49.0%を占めている（**表2-4**）。保安林の延べ面積は、国有林で727万haあまり（重複を除く実面積は692万haほど）である。民有林では576万haほど（重複を除く実面積535万haあまり）が保安林に指定されている。**表2-4**から読みとれるように、保安林はその指定の目的によって17種類ある。そのなかで、第1号の水源かん養保安林が最も多く、次に第2号の土砂流出防備保安林、第10号の保健保安林が続いている。保健保安林は、保健・休養の場としての機能などが期待され、国有林でも民有林でも35万ha前後の面積になっている。また、国有林野事業の抜本的改革も背景となって保安林面積の56.4%を国有林が担い、国有林のうち90.3%が保安林に指定されるに至ったと考えられる。なお、第4講で取り上げる京都議定書などの地球温暖化対策も、このことに寄与していると考えられる。

第3節　日本を事例とした施業と生産量の試算

森林管理の方向性を考える一助として、日本を例として施業と木材生産量との関係を示してみたい。なお、ここで例示するのは筆者独自の試算であり、本来ならば適切な基準に則ってゾーニングを行い、地域性や森林の樹種、立地、土地の肥沃度（地位指数や地位級）などの特性にもとづいた検討が必要なことを付記しておく。

表２－４　国有林・民有林別延べ保安林面積（2023年３月31日現在）

単位：千 ha

	保安林種別	国有林	民有林	計	対全保林比率（延べ面積）（%）
1号	水源かん養保安林	5,701	3,562	9,263	71.1
2号	土砂流出防備保安林	1,079	1,539	2,618	20.1
3号	土砂崩壊防備保安林	20	41	61	0.5
１～３号保安林計		6,800	5,142	11,942	91.6
4号	飛砂防備保安林	4	12	16	0.1
5号	防風保安林	23	33	56	0.4
	水害防備保安林	0	1	1	0.0
	潮害防備保安林	5	9	14	0.1
	干害防備保安林	50	76	126	1.0
	防雪保安林	-	0	0	0.0
	防霧保安林	9	53	62	0.5
6号	なだれ防止保安林	5	14	19	0.1
	落石防止保安林	0	2	3	0.0
7号	防火保安林	0	0	0	0.0
8号	魚つき保安林	8	52	60	0.5
9号	航行目標保安林	1	0	1	0.0
10号	保健保安林	359	345	704	5.4
11号	風致保安林	13	15	28	0.2
４号以下保安林計		477	613	1,091	8.4
合計（延べ面積）		7,277	5,756	13,033	100
合計（実面積）		6,919	5,354	12,273	100
全保安林面積に対する比率（実面積）		56.4	43.6	100	
全国森林面積に対する比率（実面積）		27.6	21.4	49	
所有別面積に対する比率（実面積）		90.3	30.8		
国土面積に対する比率（実面積）		18.3	14.2	32.5	

注１：兼種指定（同一箇所で２種類以上の保安林種に指定）されている保安林については、それぞれの保安林種ごとにとりまとめた。

注２：「実面積」は、兼種指定されている保安林の重複を除いた面積である。

注３：全国森林面積は平成29年３月31日現在（林野庁計画課調べ）。

注４：国土面積は令和５年４月１日現在（国土交通省国土地理院調べ）。

注５：当該保安林種が存在しない場合は「-」、当該保安林種が存在しても面積が0.5千 ha 未満の場合は「０」と表示

注６：単位未満四捨五入のため、計と内訳は必ずしも一致しない。

出所：林野庁ホームページにある「保安林の面積」（2023年９月１日参照）にもとづき筆者作成

表2-5　人工林生産林の施業と年間生産量の試案

単位：万 ha、㎥/ha、万㎥

総面積	30年生間伐			40年生間伐			主伐			生産量合計
	面積	1 ha あたり生産量	生産量	面積	1ha あたり生産量	生産量	面積	1 ha あたり生産量	生産量	
500	10	54	540	10	75	750	10	350	3,500	4,790

出所：筆者作成

まず、人工林において生産林の施業と年間生産量の試算を行ってみた（**表2-5**）。ここでは、国内人工林のうち500万 ha を林業対象地と仮定し、例示的に30年生と40年生で間伐し、50年生で主伐、翌年に再造林する施業を想定した。それぞれ1年あたり10万 ha ずつが対象になる。30年生の間伐では、単位面積あたり生産量を54㎥/ha と仮定し、年間540万㎥の木材生産が行われる。40年生の間伐では、同様に75㎥/ha と仮定して750万㎥/年の生産量とする。さらに主伐では、350㎥/ha と仮定すると3,500万㎥/年の生産量となる。これらを全部足し合わせると4,790万㎥/年となる。例えば、宮崎県や大分県のようなスギ人工林の成長量の大きい地域では主伐500㎥/ha の生産量も考えられ、北海道のようなカラマツ人工林では主伐330㎥/ha 程度と考えられる。ここでの主伐350㎥/ha はやや少なめにとった値といえ、実際のところはもう少し多い生産量になる可能性がある。

次に、**表2-6**は生産を行う天然林での施業と年間生産量の試案結果である。ここでは国内天然林の3分の2の1,000万 ha を生産対象とし、600万 ha に小面積皆伐・天然更新（天然下種更新と萌芽更新）、400万 ha に択伐施業を想定する。天然更新には小面積皆伐を想定して40年伐期とし、生産された木材はパルプチップ用あるいはバイオマス用とする。例えば、岩手県の北上山系で第二次世界大戦後に行われてきた天然林の施業体系である。択伐施業では、10年回帰での択伐天然更新、4㎥/ha の年間成長量を想定し、択伐により生産された木材は製材用とする。東京大学北海道演習林で行われているような天然林施業を想像すればよい。小面積皆伐・天然更新では年間15万 ha を対象に皆伐し、仮に150㎥/ha の生産量とすると2,250万㎥の生産量となる。択伐施業の伐採面積

表２-６　生産を行う天然林の施業と年間生産量の試案

単位：万 ha、㎥/ha、万㎥

総面積	施業	皆伐			択伐			生産量合計
		面積	1 ha あたり生産量	生産量	面積	1 ha あたり生産量	生産量	
600	皆伐天然更新（萌芽）	15	150	2,250				3,370
400	択伐施業				40	28	1,120	

注１：皆伐は40年伐期での皆伐天然更新を想定し、皆伐により生産された木材はパルプ・バイオマス用とする。

注２：択伐は10年回帰による択伐天然更新で、１ha あたり４㎥の年間成長量を想定した。択伐により生産された木材は製材用とする。

出所：筆者作成

は40万 ha/年で、28㎥/ha の生産を仮定すると1,120万㎥の生産量が得られる。これらを足し合わせると3,370万㎥/年となる。以上の人工林と天然林の生産林の生産量を合計すると、8,000万㎥/年を超すことになり、日本の木材需要量を満たす水準である。

このように、日本では人工林面積の半分、天然林面積の３分の２を生産対象として森林を経営することにより、木材を自給できる可能性は低くない。残りの約1,000万 ha は自然の諸条件を加味し、森林所有者の意向を踏まえながら、非生産林として管理することも見込まれる。繰り返しになるが、人工林の生産林ではより林業生産に重きを置いて経営することも、２ha ～３ha の小面積皆伐により多面的機能を高める目的で経営を行うことも考えられる。天然林では、小面積に皆伐して天然更新させたり、択伐を進めたりすることにより持続的な経営が行えるとともに、原生林や二次林の一部では高い公益的機能の発揮を期待した管理を進めることが可能となる。

【引用・参考文献】

赤尾健一『森林経済分析の基礎理論』京都大学農学部、1993年

熊崎実『森林の利用と環境保全―森林政策の基礎理念―』日本林業技術協会、1977年

立花敏「日本林業セクターに関する一私案」『山林』1628、2020年、6-12頁

中村徹編著『森林学への招待（改訂増補版）』筑波大学出版会、2015年

日本学術会議「地球環境・人間生活にかかわる農業及び森林の多面的な評価について」農林水産省、2011年
https://www.scj.go.jp/ja/info/kohyo/pdf/shimon-18-1.pdf (2023年8月31日参照)
日本森林学会監修、井出雄二・大河内勇・井上真編著『教養としての森林学』文永堂、2014年
農林水産省『令和4年度　国有林野の管理経営に関する基本計画の実施状況』2023年
林野庁『森林・林業白書』各年

この講の理解を深めるために

(1) 森林の有する多面的機能をより発揮させるにはどのような取り組みが必要と考えられるか？
(2) 森林のゾーニングはどの範囲で行うのが適当と考えられるか？
(3) 保安林が導入された時代背景を考えよ。

第3講
森林資源の歴史的趨勢とその変化要因

第1節　森林増減の要因

1．世界森林資源評価（FRA）にみる森林面積の変化

FRA2020のメインレポートにもとづき1990年以降の森林面積の変化を概観してみよう。世界の森林面積は2020年に約40.6億 ha で、陸地面積の31％を占めた。その面積を人口で割ると１人あたり0.52ha であり、日本の場合と比べて2.5倍近くとなる。気候帯別の森林面積は、熱帯に45％、亜寒帯に27％、温帯に16％、亜熱帯に11％であった。2020年における地域別森林面積は、アフリカが約6.4億 ha で世界の16％、アジアが約6.2億 ha で15％、欧州が約10.2億 ha で25％、北・中米が約7.2億 ha で19％、オセアニアが約1.9億 ha で５％、南米が約8.4億 ha で21％であった。アフリカでは東・南部アフリカに世界の森林面積の約７％、中・西部アフリカに同８％、アジアでは東アジアと南・東南アジアに同じく各７％、北・中米では北米に同18％がある。

表3－1に示す世界の森林面積は1990年に約42.4億 ha、2000年に約41.6億 ha、2010年に約41.1億 ha であり、この30年間に約1.8億 ha、日本の国土面積の約５倍もの減少となった。10年ごとに年平均の森林減少面積をみると、1990年代に782.8万 ha（年間純減少率0.19％）、2000年代に517.3万 ha（同0.13％）、2010年代に473.9万 ha（同0.12％）と減少のピッチは緩和の方向にある。1990年～2020年の地域別森林面積の変化をみると、アフリカでは森林減少が各地域で続き、合計値でみると1990年代の年率－0.45％から2000年代の－0.49％、2010年代の－0.60％と悪化している。2010年代には年平均394万 ha もの減少

表3－1　世界における1990年以降の地域別森林面積の変化

（単位：1,000ha、%）

地域	森林面積				b×100/a	年変化率		
	1990[a]	2000	2010	2020[b]		1990～2000	2000～10	2010～20
アフリカ計	742,801	710,049	676,015	636,639	86	-0.45	-0.49	-0.60
東・南部アフリカ	346,034	332,580	314,849	295,778	85	-0.40	-0.55	-0.62
北アフリカ	39,926	38,104	36,833	35,151	88	-0.47	-0.34	-0.47
中・西部アフリカ	356,842	339,365	324,333	305,710	86	-0.50	-0.45	-0.59
アジア計	585,393	587,410	610,960	622,687	106	0.03	0.39	0.19
東アジア	209,906	229,071	252,390	271,403	129	0.88	0.97	0.73
南・東南アジア	326,511	308,077	305,461	296,047	91	-0.58	-0.09	-0.31
西・中央アジア	48,976	50,262	53,109	55,237	113	0.26	0.55	0.39
欧州計	994,319	1,002,268	1,013,982	1,017,461	102	0.08	0.12	0.03
ロシアを除く欧州	185,369	193,000	198,847	202,150	109	0.40	0.30	0.16
ロシア	808,950	809,269	815,136	815,312	101	-0.01	0.07	-0.01
北・中米計	755,279	752,349	754,190	752,710	100	-0.04	0.02	-0.02
カリブ地域	5,961	6,808	7,497	7,889	132	1.34	0.97	0.51
中央アメリカ	28,002	25,819	23,706	22,404	80	-0.81	-0.85	-0.56
北アメリカ	721,317	719,721	722,987	722,417	100	-0.02	0.05	-0.01
オセアニア計	184,974	183,328	181,015	185,248	100	-0.09	-0.13	0.23
南米計	973,666	922,645	870,154	844,186	87	-0.54	-0.58	-0.30
世界	4,236,433	4,158,050	4,106,317	4,058,931	96	-0.19	-0.13	-0.12
10年前に対する割合		98%	99%	99%				

出所：FAO（2020）pp. 16-17をもとに筆者作成

となった。アジアの森林面積は1990年代に年率0.03%、2000年代に0.39%、2010年代に0.19%の増加で推移し、2010年代に年率ではやや低下したものの年平均117万haの増加であった。だが、それは主に東アジアにおける増加によるものであり、南・東南アジアの森林面積は1990年代から年率－0.58%、－0.09%、－0.31%で減少している。欧州の森林面積は1990年代から年率0.08%、0.12%、0.03%で増加しており、ロシアを除くと同順に0.40%、0.30%、0.16%と高まる。北・中米の森林面積の年変化率は同順に－0.04%、0.02%、－0.02%と比較的安定しているが、中央アメリカで減少が続き、対照的にカリブ地域で増加している。オセアニアでは1990年代と2000年代にオーストラリアの森林火災等により森林面積が減少したが、2010年代には植栽をともなって増加に転じた。南米では年率－0.1%を超す減少が続き、この30年間に約1.3億haもの減少となった。

このように世界の森林面積の減少はやや緩和されているが、地域による大きな差はまだ続いている。特に熱帯林における森林減少が深刻であるといえる。

2．熱帯林における森林減少の要因

第2講で説明したように、FAOが1980年から本格的にはじめた森林資源評価において、熱帯林面積の減少をはじめとする世界の森林資源動態が注目されるようになった。例えば、Repetto and Gillis（1988）では、熱帯地域の10ヵ国を取り上げて森林部門に影響を与える政府の政策を検討し、より合理的な政策が天然資源と経済資源の両方を救えると指摘した。

森林減少の進む熱帯林を対象にしながら、まず森林減少がどうして起きるのかをみていこう。**図3－1**は、熊崎実（1993）で示された図を改変したものである。森林減少、特に熱帯林減少は社会的要因と自然的要因の双方が相まって生じている。社会的要因では、制度的要因、人口圧力、伝統的要素、経済発展の要請という4つの要素が絡み合っている。以下では、社会的要因と自然的要因についてそれぞれ詳述する。

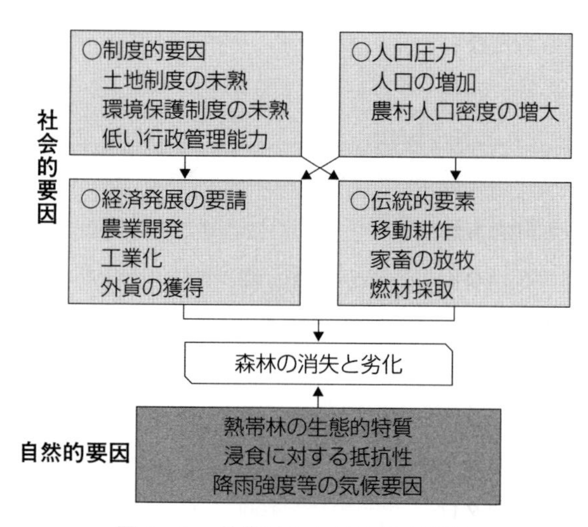

図3－1　熱帯林における減少要因

出所：熊崎（1993）図15をもとに筆者作成

① 制度的要因

土地制度の未熟、環境保護制度の未熟、低い行政管理能力が主たるものである。熱帯にあるインドネシアやマレーシアなどの発展途上国では国や州が森林を所有している。国あるいは州、省などの公的部門が森林を把握し、どのように管理するかの計画を立て、計画に沿って管理していくことになる。だが、国有林や州有林における伐採権発給制度が適切に機能していないという制度的な不備があり、ここに問題が潜んでいる。天然林からなる熱帯林の伐採は択伐方式が採られており、胸高直径（胸の高さで測った幹の直径、日本では地上1.2m（北海道で1.3m））が45cm以上や50cm以上などの樹木を伐採対象にするというルールがあり、伐採できる地域や樹種も決まっている。ところが、大きくなった樹木を抜き伐りしていくには多大なコストを要することになる。そこで、全部の樹木を伐採して売れるものだけ持ち出すということが行われる。これを可能にするために、伐採業者は政府の担当者にアンダーテーブルなお金、つまり賄賂を渡して見逃してもらう、あるいは本来は伐採対象ではない森林にも偽造された伐採許可を出してもらうといったかたちで、違法な伐採が横行することになる。ここでは環境保護制度の導入・運用や行政管理、情勢把握などの取り組みも不十分なものとなっている。

② 人口圧力

経済発展の初期の段階では、農業生産を増やすことが欠かせない。農業生産を増やすには労働力が必要になり、そのために子どもを増やすことにつながる。人口が増加すると食料も燃料も建材も必要となり、そのために森林を伐開して農地を造成することになる。こうした人口圧力によって森林減少が進むのである。FAO が森林を把握する必要性のひとつがこのことに関連づいている。

③ 伝統的要素

伝統的要素として移動耕作あるいは焼畑、家畜の放牧、燃材採取がある。移動耕作とは、森林や原野を開拓し、伐倒した樹木や草本を燃やし、その灰を肥料としてキャッサバやタロイモをはじめとするイモ類や陸稲などを栽培する農業である。熱帯地域の多くはラトソル（ラテライト）と呼ばれる赤褐色の酸性でやせた土壌が拡がっており、野焼きから出る灰によって栄養を補うことが必要になる。耕作をはじめて数年すると地力が落ちるため、別の場所に移動して同様の手順で耕作を行う。それを続けて数ヵ所で耕作を行った頃には、以前に対象とした場所に植生が回復することになるため、かつての場所にまた戻って耕作を行う。なお、休閑期間が長くなると、その間に森林も成長するため、伐採した木材の一部を販売することもできる。伝統的要素としての移動耕作もしくは焼畑は、初期段階に森林の減少を招くが、耕作対象地にローテーションを組んで移動することになるため、過度の森林減少とはならず、長期的には安定した状態が形成されると考えられる。ところが、大面積に森林を伐開して火入れ開拓し、そこに大規模な農地造成をしてプランテーションを行うような場合には、広範囲の伐採が入ることになり、森林面積の減少につながってしまう。土地のローテーションにもとづく伝統的な移動耕作と、火入れ開拓をともなうプランテーションとは別なものとして考える必要がある。

燃材についても、家庭の煮炊きや暖をとるための利用と、第二次産業の製造用燃料にするための利用とでは大きな差違がある。人口増加にともなって家庭用の燃材消費も増えることになるが、身近な森林の落枝などを主に採集するため、森林伐採につながることはないといっても過言ではない。他方、鉄などを溶かして鋳物などを製造する場合には、多量の燃材を継続して必要とし、過度な森林伐採につながっていく。

④ 経済発展の要請

経済発展の要請は、農業開発、工業化、外貨の獲得が主要なものとなる。農業開発や工業化についてはすでに説明したため、ここでは外貨の獲得を取り上げよう。私たちの経済活動では、外国から財やサービスを輸入することが少なくない。輸入には支払いが生じ、それには国際通貨として認知されている米ドルやユーロなどの外貨が必要となる。逆にみれば、外貨がなければ外国からの輸入はできなくなる。そこで、自国にある何かを外国に輸出して代金となる外貨を手に入れなければならない。そして、森林資源の豊かな国は手っ取り早く外貨を獲得できる手段として、森林を伐採して木材を輸出しようと考えるわけである。例えば、インドネシアが日本から電化製品を輸入したいために、自国の熱帯林を伐採して木材を輸出し、得られた外貨で日本製品への支払いを行うことである。熱帯諸国においては、このように外貨獲得の手段として商業伐採が過度に行われてきた面がある。

⑤ 自然的要因

熱帯林の生態的特質や浸食に対する抵抗性、降水量の多さ、降雨の強さなどの気候要因も指摘できる。ラトソルは保水力が低いといわれており、熱帯雨林気候のスコールやサバナ気候の雨季などの降雨によって土壌が流出しがちである。特に大面積の森林を伐採した後に強い雨が降ると表土が流出し、次世代の天然更新がうまくいかずに森林が成立しなくなる。伐採跡地に種が落ちていたとしても、それが発芽するに至らないのである。

3．森林減少における近因と遠因

永田信（1994）は、フィリピンを事例にしながら計量経済学的な手法を使って熱帯林減少の要因を示している。近因（直接的原因）として用材伐採、薪炭材採集、非伝統的焼畑、農場造成、牧場造成、森林火災を挙げている。遠因（間接的原因）としては森林の国有化・州有化、人口増加、経済成長のパターンを指摘した。国有や州有の場合、公務員が森林の状況を把握し、計画を立てて管理していく、あるいは伐採権発給をしていくことになるが、上述したようにそこでは賄賂や汚職がはびこってしまう。賄賂や汚職の拡がりでは、収入の少ないことがその一因である。

山根正伸ほか（2000）は、ラオスなどの東南アジアやロシアでの調査にもとづき、直接的原因として輸出志向の過度な商業用伐採、アブラヤシ農園やコーヒー農園などの商業用プランテーションを含む農地造成、都市化にともなう土地利用の転換、非伝統的移動耕作、大規模な森林火災、戦争を挙げている。輸出志向の過度の商業伐採やプランテーションが森林に及ぼす影響は図３−１で説明したとおりである。先進国でも森林火災は発生しており、米国やカナダ、オーストラリアをはじめとする先進国においても深刻な影響を与えている。

4．アクターからの分析

井上真（1995）は、アクターという視点で要因分析している。図３−２には、焼畑もしくは移動耕作、農地の拡大、過度な放牧、木材の盗伐、多大な燃材採取、用材伐採という要因が挙げられている。ここで注目すべきは伝統的焼畑民

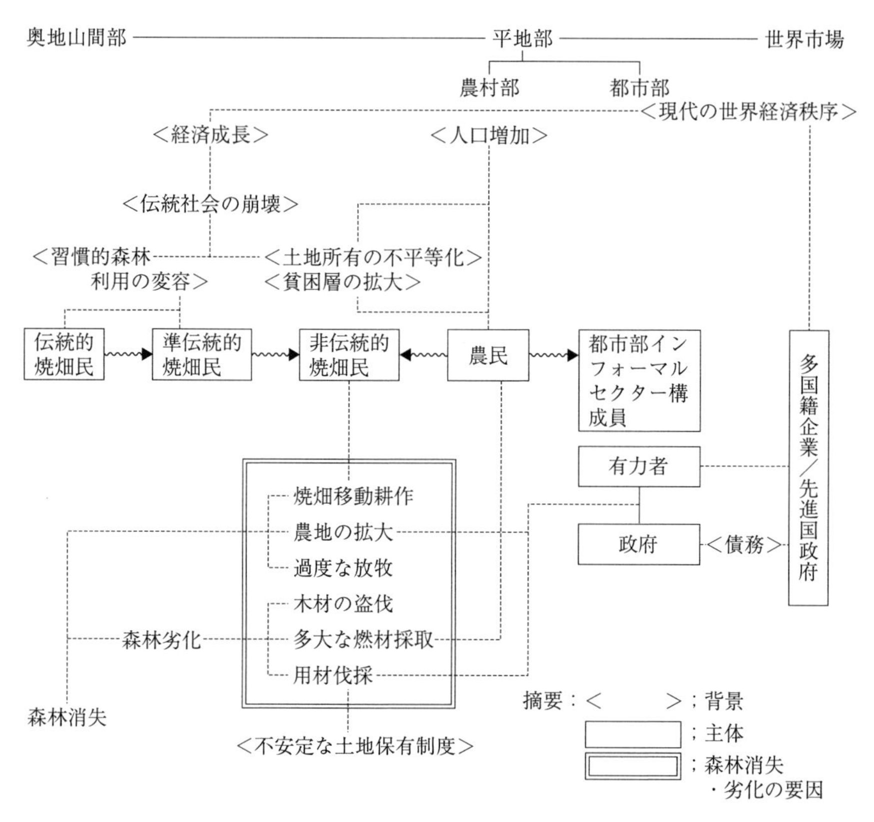

図3－2　アクターからの森林減少の要因分析

出所：井上（1995）図－1

から準伝統的焼畑民、非伝統的焼畑民へという変化であり、伝統社会の崩壊をともなって習慣的森林利用の変容が進み、土地所有の不平等化や貧困層の拡大が生じる。伝統的焼畑であれば森林は初期の減少だけで安定するが、大面積に皆伐してプランテーションを造成する非伝統的焼畑によって森林減少は加速するのである。ここでは都市部の有力者や多国籍企業、先進国政府も直接・間接に森林減少に関わっていくことが指摘されている。

例えば、私たちが輸入してきた熱帯材には森林減少が進む国で産出されたものが含まれている。筆者が大学生だった頃、1980年代後半にマレーシアの先住民が来日し、「日本が熱帯産の木材を輸入するから私たちの国の森林が減少している。そして減少しているのは私たちが生活の糧にしている森林である」と訴えた報道を視た記憶がある。それを、私は強い衝撃をもって受け止めた。「日本にはこんなに森林が豊富にあるのに、どうして外国から輸入しなければならないのか」という思いが筆者に強くなり、これが研究の道に進む一つのきっかけにもなった。なお、この頃に黒田洋一・フランソワネクトー（1989）では熱帯林の持続的利用に向けて日本が採るべき行動が提言されたことを紹介しておきたい。

森林の減少には人や企業、政府が大なり小なり影響を与えている。私たちは木材貿易を介して外国と深いつながりをもつようになり、私たちの木材の輸入、あるいは消費の仕方によって外国の人や企業などにさまざまな影響を与えているのである。どういう人や企業などが森林減少あるいは生態系の劣化の原因になっているかを、私たちはよく見定めて対策をとり、輸入品を消費していくことがますます重要になっている。

第２節　森林利用の歴史的展開

１．カール・ハーゼルによる整理

ドイツの林政学者カール・ハーゼル（1979, 1996）に依拠して、森林面積が安定もしくは増加している欧州における森林利用の歴史的展開を５つの段階に整理してみる。最初は食料採取の段階（農耕社会の成立以前）、２つ目は農業への奉仕の段階（中世の封建社会の時代）、３つ目は略奪的利用の段階（絶対王政と初期資本主義の時代）、４つ目は森林経営の段階（19世紀以降の産業資本主義の時代）、５つ目が多機能的森林経営の段階である。５つ目の段階は、まさに日本の今の時代が相当すると考えればよい。

最初の段階では、森林への人為的干渉はごく軽微で森林は安定していた。筆者が小学校高学年の頃に「はじめ人間ギャートルズ」というテレビアニメがあった。マンモスを石斧で倒して食べるという、農耕社会以前の状況を描いたものだった。まさにそのような時代と考えればよいだろう。この頃には大自然のごく一部として人間が存在し、森林への干渉はごくわずかだった。

第２段階では、農地の拡大により森林が一方的に減少する。この頃には林野の営農的利用が進展し、農作物をより多く収穫すべく農地を拡大するのである。人口増加により森林の伐開をともなって農地の拡大が生じ、森林の減少が加速する時期となる。**図３－１**と関連付けて考えられるだろう。

第３段階には、営農的林野利用によって人口が増大し、資本主義の広まりにともなう工業化の進展で、燃材や用材の需要が増加していく。日々の暮らしでの燃材需要に加えて、製造業の発展による燃材消費の増加が加わるのである。人口が増えて都市化が進むと住宅建築や家具の需要も増えることになり、用材需要はさらに大きく伸びることにもなる。燃材と用材のための森林伐採が拡大し、森林は極度に疲弊する状態に至る。

ここで、木材の需要と供給を考えてみたい。ミクロ経済学の授業で出てくる需要と供給を思い出してみよう（**図３－３**）。燃材・用材に対する新たな需要が加わる（需要者が増える）と需要曲線が右方にシフトすることになる。需要曲線が右方にシフトすると（$D_1 \rightarrow D_2$）、需給均衡価格はもとのP_1からP_2へ高まると考えられる。木材価格が高まることになるため、「林業は儲かるのではないか、私も林業分野に参入しよう」となって新たな生産者が参入し、供給曲線も右方へシフトすることになる（$S_1 \rightarrow S_2$）。さらに「少しでも早く木材を供給できように人工造林をしよう」、「成長の早い樹種を植えよう」と考える生産者が出てくることが考えられる。そのような木材に関する需要構造と供給構造の変化が起こり、森林利用における新たな第４段階になっていく。

第４段階では、林業経営が定着するのである。資本主義の進展とともに農業の生産性が高まり、森林開発への依存は低下する。農業生産において１haあたりの収穫量が増えると、農地の増加がそれほど必要なくなるのである。また、火力となる化石燃料の利用も始まって工業の燃材依存も減っていくことになる。他方で、新たな林業への参入者が生まれ、用材生産主体の林業経営へ移行し、都市の形成とともに住宅用や家具用の木材供給が増えていくのである。この段階で森林面積は安定し、人工林の造成をともなって蓄積量は増加することになる。

ここで、天然林と人工林の特質を考えてみたい。農業では種を蒔いて育てて収穫する、苗を植えて育てて収穫することを行うが、同じことが森林でも行われる。森林所有者や林業経営者は、種が落ちて発芽して大きくなるのと、苗木を畑で育てて林地に植えるのとを比較し、収穫までに要する時間と収穫量がどう違ってくるかを考えるだろう。筆者はかつて森林総合研究所に勤務し、北海道支所のチーム長として毎木調査の機会が年に数回あった。そこで森林計画学や造林学、生態学を専門とする同僚の調査に同行した折に、自然にまかせて地面から芽が出て30cmほどの大きさ、つまり苗木くらいになるのにどのくらいの時間が必要かを尋ねてみた。樹種や地域による差異もあって一概にはいえないが、20年〜30年かかると考えてよいのではないかという答えが返ってきた。苗木生産業者が畑で苗木を育てる場合に、3年〜5年で30cmほどの苗木に成長させられる。このことを踏まえると、畑で育てた苗木を林地に運んで植栽することにより、収穫までの時間を大幅に減らせると考えられる。このようなことから、林業経営の段階になると天然林から人工林へという変化が生じてくる。

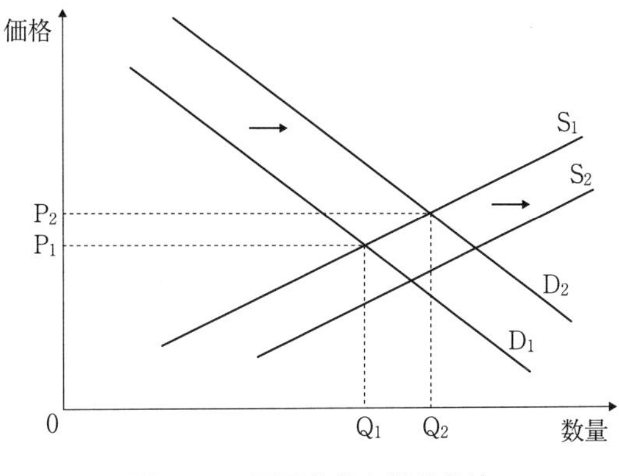

図3-3　需要曲線と供給曲線

出所：筆者作成

第5段階として、いま私たちが住んでいる日本を考えてみると、私たちは疲れたときには遠くの山々を眺めて憩ったり、週末に森林公園や農山村地域に遊びに行ったり、家族や友だちと登山やハイキングを楽しんだりといった、さまざまな活動を森林において行っている。つまり、この段階になると森林利用において木材生産だけではなく、非物質的な森林の便益も重視されるようになる。第2講で取り上げた多面的機能のうち、生産機能だけではなくレクリエーションなどを含む公益的機能へのニーズが高まっていくことになる。

2．井上真による整理

井上真は、森林利用様式の歴史的展開に対して**図3－4**を作成している。カール・ハーゼルの第1段階が井上のステージⅠ、第2段階がステージⅡ、第3段階と第4段階がステージⅢ、そして第5段階がステージⅣととらえられる。ステージⅠでは原生林が豊富にあるが、少しずつ農地などが拡大していく。ステージⅡでは農地の拡大が大きくなり森林、特に原生林が大きく減少する。原生林伐採の後に一部は天然更新して二次林となるが、森林面積は急速に減少するのである。ステージⅢでは人口増加をともなう都市化と初期資本主義の工業化が相まって、前半に森林はますます減少する。ところが、ステージⅢの後半になると、林業経営が成り立つようになり、人工林の造成（産業造林）が始まるとともに原生林の面積は安定し、二次林の減少スピードも緩やかになる。結果的に森林全体の減少スピードが鈍化するのである。そして、ステージⅣになると人工林が大きく増加するようになって全体の森林面積が減少から増加へと変化し、原生林が安定し、二次林は緩やかに増加しはじめる。

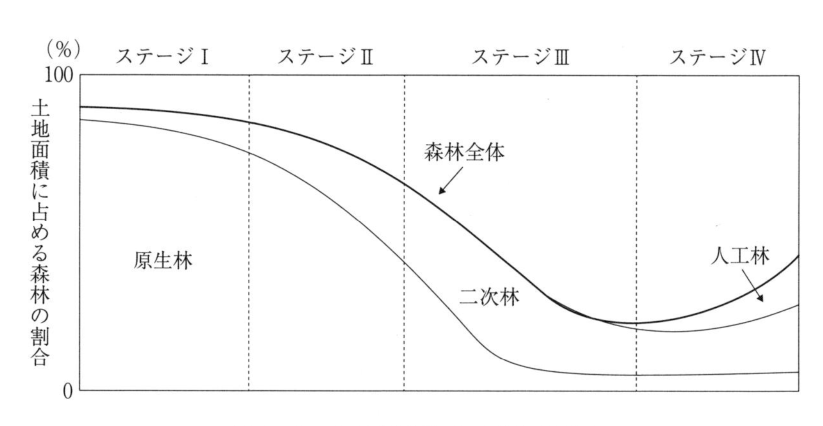

図3－4　森林利用様式の歴史的展開

注1：「原生林」とは，人手の入っていない自然林と，老齢二次林の両方を含む。
注2：「二次林」には，焼畑跡地の二次植生や，木材伐採跡地の既伐採林が含まれる。
注3：「A点以降，原生林面積は安定する。
注4：「B点とC点の間では，森林全体の面積がほぼ安定するこの期間は，ステージⅢからⅣへの移行期間である。
出所：永田ほか（1994）図1－8

この図を援用しながら、世界の国や地域の森林がどの段階やステージにあるのか、その社会・経済や政策などの動向と関連付けて森林面積はどう変化するのかを考究してみることも参考になるだろう。

3．依光良三による日本の森林・林野の利用展開推定

依光良三が、1984年に日本の森林・林野の利用展開推定をまとめ（図3－5）、人口増加と生産力を規定要因と指摘している。かつては国土面積のほとんどが天然林に覆われていたが、平野部での耕地、宅地、工業用地などへの開発により森林面積はしだいに減っていく。11～12世紀に人口が1,000万人超になる頃から、林野利用形態として営農的利用（採草地・焼畑など）が拡大するようになる。江戸時代（17世紀）になると、人口が3,000万人を超し、都市形成により建材や薪炭の需要が増加し、それにともなって森林開発の奥地化、河川流送を基軸とする伐出技術が発展していく。木材需要が大きくなるのにつれて伐採

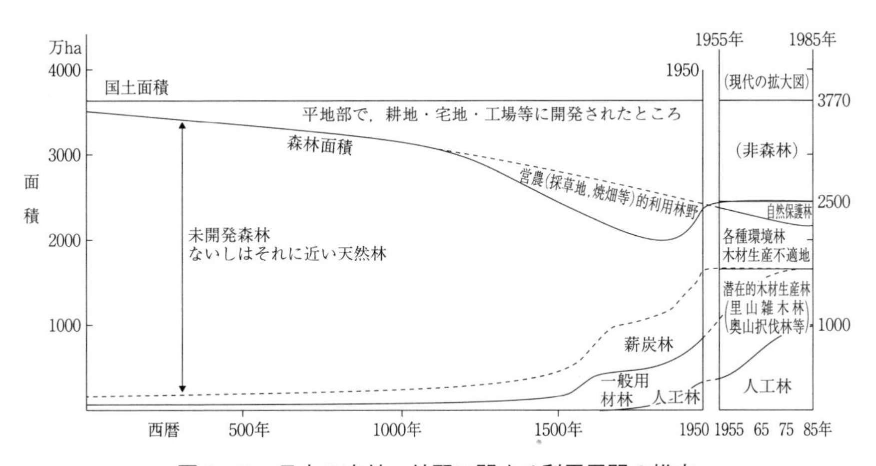

図3－5　日本の森林・林野に関する利用展開の推定

注1：自然保護林とは、保安林の禁伐、択伐規制林、自然公園の特別保護地区、第1～2種特別地域、自然環境保全地域の特別地区以上．国有林の学術参考保護林等約300万 ha。

注2：木材生産不適地等非木材生産林と各種公益林、生産不適地の境界は定めがたい。

注3：木材需要を年間1人1㎥とすると西暦1000年ごろには人口1000万人弱であったから、木材総需要量は約1000万㎥であり、これは蓄積200㎥/ha の山だと年間5万 ha を必要として、50年で循環させれば250万 ha の森林が必要となる。

出所：依光（1984）図2

対象林がより遠くに求められ、森林開発が奥地化する。奥山の方向へ伐採地が拡がると陸路で木材を運び出す難しさが増すことから、河川流送を使うようになったのである。

1950年代に第二次世界大戦後の復興期から高度経済成長期へと変わる。人口も１億人を超し、資本と都市の要請によって森林・林野利用が多様化していくことになる。図３-５の1955年～1985年の時期には、建築用や製紙用などの需要増加を期待して拡大造林によって人工林面積が増加するが、他方で観光や水源林などの公益的機能への期待が高まっていく。各種環境林や自然保護林もここに描かれていることから、依光においても第２講で取り上げたゾーニングが想定されていることがわかる。

なお、日本において第二次世界大戦後に行われた拡大造林は、広葉樹を主体とする天然林からスギやヒノキ、カラマツなどの針葉樹に植え替えることを指す。針葉樹は通直で軟らかく、成長も比較的早いため、将来に建築用などの用材とすることが期待されていた。

４．産業造林

ここで産業用の造林を説明しておく。産業造林を行うには比較的まとまった平坦な土地が必要であり、そこでは作業効率の向上が図られ、費用も低くなる。また、植栽後に成長の早い樹木がよく育つということも重要である。例示すれば、製紙用のアカシア・マンギウムやユーカリ、マツなどが挙げられる。アカシア・マンギウムやユーカリは広葉樹、マツは針葉樹であり、成長が早いために産業造林されている。また、ゴムを植え、樹齢25年～30年あたりまで樹液を供給し、樹液が採取できなくなったら伐採して家具用の原料として供給するとともに、新たにゴムを植栽する。日本国内で販売されているテーブルなどの家具や積み木などにもゴム材が材料となったものが見受けられる。

東南アジア地域を例にとると、マレーシア、インドネシア、タイが代表的な国といってよく、例えば、アカシア・マンギウムやゴムなどが植栽されている。また、オーストラリアでユーカリが製紙用として、ニュージーランドでラジアータマツが製材品や製紙用として、中国ではポプラ、ユーカリ、コウヨウザンなどが製紙用や木質ボード用として産業造林がなされてきた。これらの植栽は1haあたりおおむね800本〜1,000本であり、ユーカリでは10年ほどで収穫されて木材チップとなり、日本に輸出されてきた。また、ラジアータマツの伐期は25年〜30年である。

日本の拡大造林も産業造林ととらえられるが、他方で製紙会社による外国での産業造林も1970年代に始まった。第二次世界大戦後に経済成長にともなう紙需要の増加が生じ、紙の原料となる木材チップの不足を懸念して海外に進出していった。日本では上述の拡大造林が1980年代まで続いたが、その間に広葉樹の伐採量が減っていき、広葉樹材を求めて製紙会社が海外に産業造林を検討することとなった。特に、1980年代後半に円高が進んで海外進出がしやすい環境が整うと、オーストラリア、東南アジア、南米、南アフリカなどにユーカリやアカシアなどの産業造林を展開するようになったのである。紙の製造では針葉樹と広葉樹の繊維の長短を活かした製法があり、印刷情報用紙などのインクが定着しやすい滑らかな製紙には広葉樹材が原料として好まれる。穀物の紙袋をはじめとする食品包装用や工業用、農業用、建材用、医療用などに幅広く用いられるクラフト紙は、繊維の長い針葉樹材を配合して強度や耐久性を高めた紙である。

日本製紙連合会の資料によると、製紙企業による産業造林は外国で2022年末現在に8ヵ国で19のプロジェクトが実施されている。その面積は、国内で14万ha、国外で38万haあまりと大きな面積になっている。外国で行う産業造林のメリットとして、地元にとって雇用機会の創出となり、道路などの社会基盤の整備につながることが挙げられる。なお、国内の私有林について最大なのは王子製紙グループで約19万ha、次ぐ日本製紙グループも約9万haを所有している。

第3節　森林のU字型仮説

経済発展と森林保全とをいかに両立できるかに着眼し、Mather（1990, 1992）が森林推移（Forest Transition：FT）理論を、永田ほか（1994）が森林の

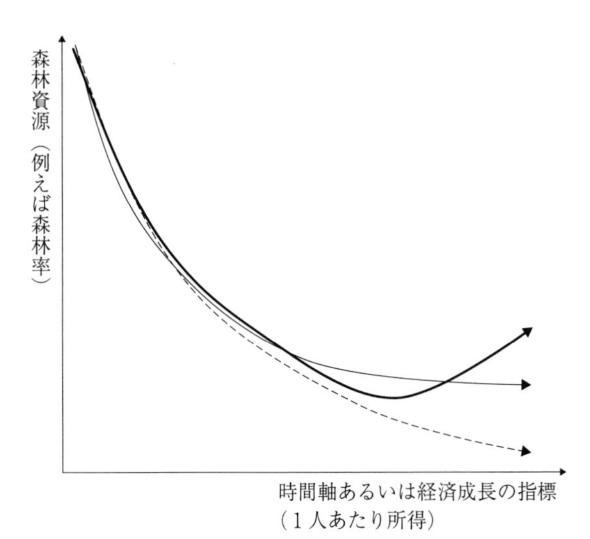

図3－6　森林資源と経済成長の関係を示す3つの曲線
出所：永田ほか（1994）図〈終〉2をもとに筆者作成

U字型仮説を提示している。ここでは、**図3－4**と関連させながらU字型仮説を説明する。

U字型仮説では、横軸に時間軸あるいは経済成長の指標（例えば1人あたりGDP）、縦軸に森林率などの森林資源量データをとる。**図3－6**に示されるように、経済発展の初期に森林は豊富にあるが、経済発展とともに森林は減少し、ある時期を越えると増加に転じるという仮説である。ある期間をとると、減少が続くスラッシュ型、減少から安定に変わるL字型、減少から増加に転じるU字型がある。本来ならば、縦軸に森林面積だけではなく森林の蓄積量をとることも考えられるが、これについては現段階においても正確を期して把握するのは難しい。森林面積については、航空写真や人工衛星画像を活用したリモートセンシングなどにより、精度を高く把握できるようになっている。

スラッシュ（＼）型は、経済成長により森林が減少することで、あるいは他の理由により、経済成長も停滞して森林増加も起きなくなり、森林資源と経済成長の双方が停滞に陥るという状況を指す。かつて典型例としてフィリピンがあったが、2010年代に入って森林面積が増加に転じてU型に変わる可能性が出てきた。L字型は、経済成長が続くなかで森林資源は減少の一途をたどるが、そのスピードは緩まって安定することを指す。U字型の増加に転じる前の段階と考えられる。この典型として永田ほか（1994）では米国が挙げられたが、近年は米国でも森林面積が増えはじめているため、L字型からU字型に変化していると考えられる。U字型は、経済発展の初期には森林が豊富にあるが、経済発展とともに森林は減少し、ある時期を越えると増加に転じることを指す。図3－5で示した日本は、まさにこの典型といえよう。

このように、森林推移を長い歴史と社会・経済の動向とに関連付けてみると、1国において森林は減少から増加に転じることが考えられる。ただ、ここまでの説明で木材貿易や木材自給率との関係に触れていないことに気づいただろうか。経済のグローバル化が進むと、一国のなかで考えるだけでは不十分となり、木材貿易を通じて関連する他国の森林との関係をあわせて考えていくことが必要になっている。それを延長すれば、私たちの経済活動や木材利用は世界全体の森林のありようともつながっていることにもなるのである。

【引用・参考文献】

Mather, A. S.（1990）*Global Forest Resources.* Timber Press

Mather, A. S.（1992）*The forest transition, Area 24.* pp. 367-379

FAO（2020）*Global Forest Resources Assessment 2020 Main report.* 164pp

Yamane, M. and Chanthirath, K.（2000）Lao Cypress Forests: Causes of Degradation and the Present State of Conservation in Lao P. D. R., *A Step toward Forest Conservation Strategy（2）: Interim Report 1999.* IGES Forest Conservation Project, pp. 423-440

Repetto, R. and Gillis, M.（1988）*Public Policies and the Misuse of Forest Resources.* Cambridge University Press. 432pp

井上真『焼畑と熱帯林―カリマンタンの伝統的焼畑システムの変容―』弘文堂、1995年

柿澤宏昭・山根正伸『ロシア　森林大国の内実』日本林業調査会、2003年

熊崎実『林業改良普及双書114　地球環境と森林』全国林業改良普及協会、1993年

黒田洋一・フランソワネクストゥー『熱帯林破壊と日本の木材貿易―世界自然保護基金（WWF）レポート日本版―』築地書館、1989年

地球環境戦略研究機関監修・井上真編著『アジアにおける森林の消失と保全』中央法規、2003年

永田信・井上真・岡裕泰『森林資源の利用と再生―経済の論理と自然の論理―』農山漁村文化協会、1994年

ハーゼル，カール著、中村三省訳『林業と環境』日本林業技術協会、1979年

ハーゼル，カール著、山縣光晶訳『森が語るドイツの歴史』築地書館、1996年

依光良三『日本の森林・緑資源』東洋経済新報社、1984年

この講の理解を深めるために

(1) 森林面積の変化（森林推移）と経済水準との関係はどのようにとらえられるか？
(2) 熱帯林減少を生じさせる主要な原因には何が挙げられるか。また、先進国で森林減少を生じさせる主たる原因は何と考えられるか？
(3) 森林利用の歴史的展開からみて、森林資源量が減少から増加に転じるのはどのようなときと考えられるか？

第2部
資源・環境としての森林と経済学

第4講
地球温暖化対策へ寄与する森林の役割

第1節　地球温暖化問題と森林分野での対策

1．地球上の炭素循環

20世紀半ば以降、人為起源による地球温暖化が顕著に進んでいる。2023年5月17日に公表された世界気象機関（WMO）の報告によると、温室効果ガスなどの影響で2027年までに気温上昇が1.5度を超える確率が66％だという（Press Release Number：17052023)。文部科学省・気象庁の「日本の気候変動2020―大気と陸・海洋に関する観測・予測評価報告書―」によると、1898〜2019年に年平均気温は100年あたり1.24℃上昇している。気候変動に関する政府間パネル（Intergovernmental Panel on Climate Change：IPCC）第4次評価報告書（2007年公表）では、世界の平均気温が1.5〜2.5℃上昇すると動物・植物種の約20〜30％が絶滅リスクに直面すると指摘されている。

1990年代の地球上の炭素循環を示したのが**図4-1**である。ここでは、大気中に炭素が7,600億トン、植生・土壌中の炭素量は2兆2,610億トン、さらに海洋中の炭素量は38兆トンと推計されている。海洋中の炭素量はとても多く、海洋への吸収は年間22±4億トンと見積もられている。大気中の炭素量は毎年32±1億トン/年で増加しており、その内訳は吸収量が陸域へ10±6億トン/年、海洋へ22±4億トン/年であり、排出量は化石燃料とセメントから64±4億トン/年となっている。

私たちは、生産活動において、特に鋳物製造などの金属加熱プロセスに象徴されるように、多量のエネルギーを消費している。また、陸域のうち生態系に

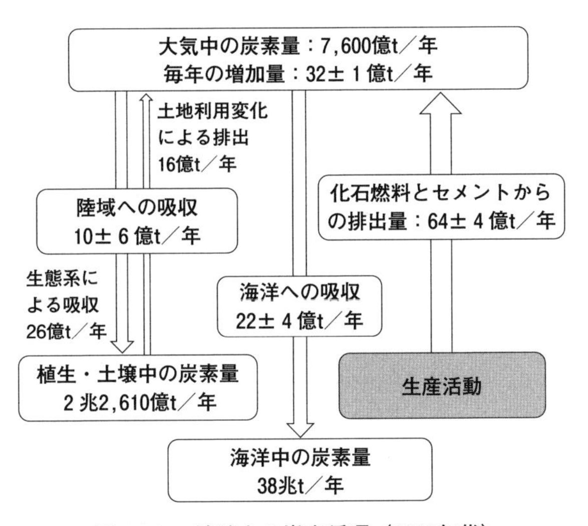

図 4－1　地球上の炭素循環（1990年代）
出所：IPCC 第 4 次評価報告書（2007）第 1 作業部会の表 7 をもとに筆者作成

よる吸収量が26億トン/年であるのに対し、土地利用変化による排出量が16億トン/年となっている。森林から農地や工業用地などへの変化や森林火災などによって森林が減少し、陸域で森林や土壌が固定している炭素が大気中に放出されることの影響は大きい。他方、生態系では森林や草本類が増えることで炭素が吸収・固定されることにもなる。

地球温暖化対策として、海洋や陸域への炭素吸収をいかに増やしていくかがますます重要になっている。特に、図の左側にある陸域からの炭素排出量をいかに減らすか、生態系への炭素吸収量をいかに増やすかは、森林に関わる問題として重要性が増している。それらとあわせて、身近なところから化石燃料やセメントの使用にともなう排出量をいかに小さくできるかも考えなければならない。

2．地球温暖化への対策―緩和策と適応策

人間活動によって地球温暖化が進んでいることから、それによる温室効果ガス濃度の上昇をいかに抑制するかが喫緊の課題である。その気候変動への対策として緩和策と適応策がある。文部科学省・気象庁・環境省が2013年に作成し

た「気候変動の観測・予測及び影響評価に関する統合レポート―日本の気候変動とその影響―」(2012年度版) などを参考にすると、緩和策は温室効果ガスの排出削減と吸収源 (吸収増加) による対策である。例えば、省エネルギー対策 (私たちが日常において無駄な電気・照明を消すなど)、水力や風力、地中熱、太陽熱などを使った再生可能エネルギーの普及拡大、海洋や森林などへ吸収させるという CO_2の吸収源対策、CO_2の回収・貯蔵などからなる。適応策は予測される影響への備えと新しい気候条件の利用であり、洪水対策、治水対策・洪水危機管理、熱中症予防・感染症対策、農作物の高温障害対策、生態系の保全などで構成される。

地球温暖化対策の概要を**図 4－2** に示す。緩和策 (削減策) には排出削減策、吸収源対策、市場メカニズム・クレジットの 3 つの枠組みがある。具体的には、第 1 の排出削減策としては燃料転換と省エネルギーの取り組みであり、化石燃料の使用量を減らして再生エネルギーを増やすことがその一例となる。第 2 の吸収源対策では、森林・林業に関する対策から農地・牧草地管理、都市緑化に関する対策までが挙げられる。例えば新規植林・再植林、森林減少緩和、森林経営である (第 2 節第 2 項参照)。第 3 の市場メカニズム・クレジットでは、京

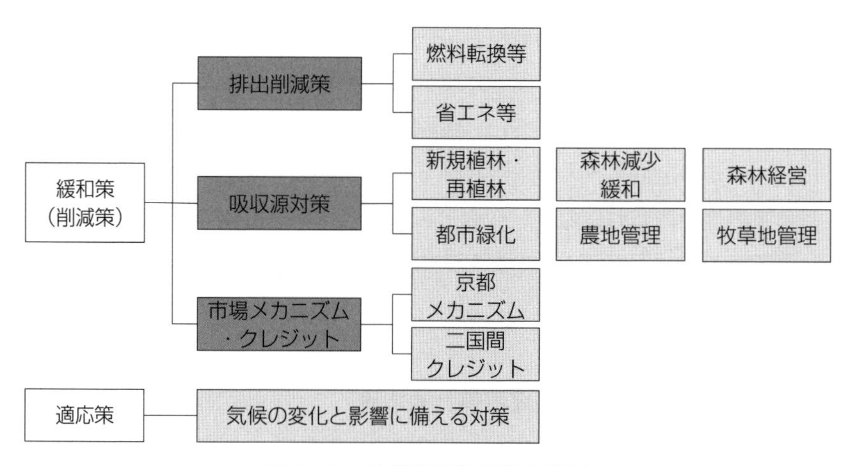

図 4－2　地球温暖化対策の概要

出所：大澤秀一 (2015)「COP21に向けた地球温暖化対策 (その 1)」をもとに筆者改変

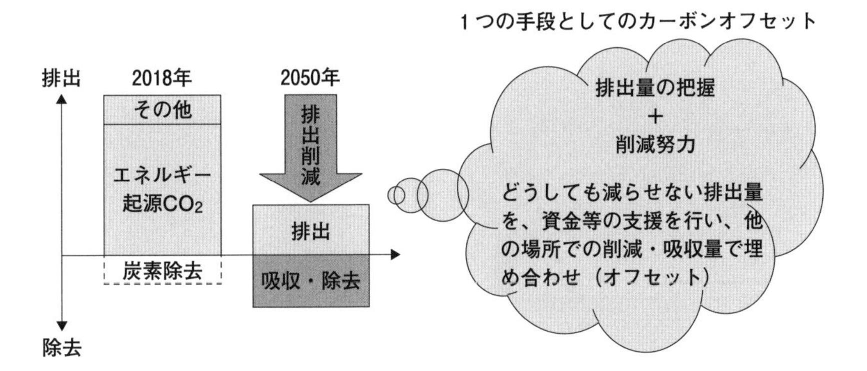

図4－3　地球温暖化対策の概要

出所：経済産業省 資源エネルギー庁「「カーボンニュートラル」って何ですか？（前編）～いつ、誰が実現するの？」の図をもとに筆者作成

都議定書における京都メカニズムなどの枠組みが提示されている（第2節第3項参照）。

ここで、地球温暖化対策を理解するうえで大事な用語としてカーボンニュートラルを解説しておきたい。日本では、2018年を例にとると電力4.5億トン、運輸2.0億トン、産業3.0億トン、民生1.1億トン、その他1.8億トンの合計12.4億トンのCO_2を排出しており、どんなに排出削減の努力をしたとしても温室効果ガス排出量をゼロにすることは困難である。電気を使わない生活も自動車などを使わない生活も想像できない。そこで、削減が難しい温室効果ガスの排出分を何らかの手段によって吸収・除去し、「排出量－(吸収量＋除去量)＝０」を実現することが考えられている（図4－3）。この排出量と吸収量＋除去量とがバランスする状態をカーボンニュートラルという。そして、どうしても減らせない排出量を、他の場所において実施するプロジェクトに資金などの支援を行ってCO_2の削減・吸収を促し、その結果として得られる削減量や吸収量をもって埋め合わせ（オフセット）するという取り組みが展開するようになっている。本講の第3節第2項で日本におけるその例を紹介する。

3．木材と他各種材料の製造における炭素放出量の比較

地球温暖化対策を推進したり、カーボンニュートラルな社会を実現したりす

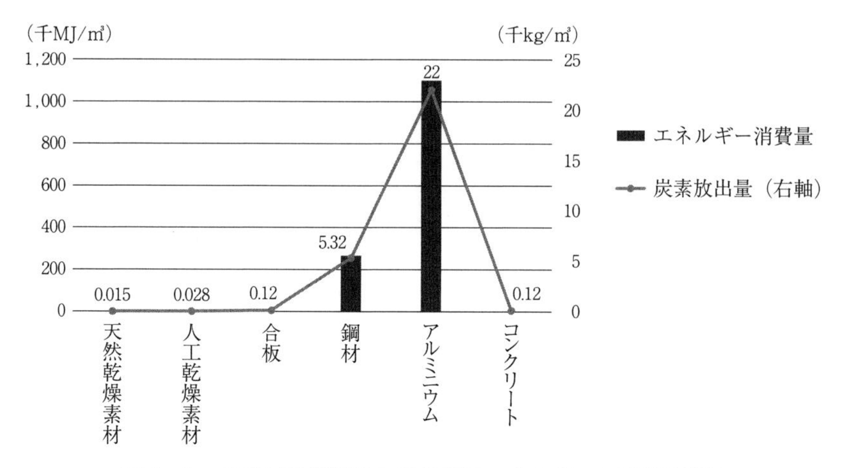

図4－4　各種材料製造における消費エネルギーと炭素放出量

出所：Buchanan（1990）をもとに筆者作成

るうえで、各種材料製造における消費エネルギーと炭素放出量がどうなっているかを知ることも重要である。さまざまな材料を使って製造する場合にどれだけのエネルギーを使うのかに関する実験結果が1990年にニュージーランドで発表された（**図4－4**）。横軸にとった項目のうち天然乾燥素材と人工乾燥素材は木材を原料とする製材品であり、その右側に木材を原料とする合板、非木質素材の鋼材、アルミニウム、コンクリートが並んでいる。縦軸にとるのは１㎥あたりのエネルギー消費量と炭素放出量であり、前者を棒グラフ、後者を折れ線グラフとすると、２つは同じ形状になっていることがまずわかる。

例えば、アルミニウムに添えられている数値22は１㎥のアルミニウムを原料として製造したときに22千kg/㎥の炭素が放出されることを示している。この製造時炭素放出量を６つの材料について比較すると、鋼材で5.32千kg/㎥、合板では0.12千kg/㎥であり、人工乾燥素材（製材品）ならば0.028千kg/㎥、天然乾燥素材（製材品）ならば0.015千kg/㎥と少なくなっている。つまり、単位体積あたりの炭素放出量は材料による差異がとても大きく、木材を原料とする製材品などの木材製品に対して、アルミニウムや鋼材などの鉱物を原料とする製品は極めて多くの炭素を放出していることがわかる。製造時炭素放出量を天然乾燥素材（製材品）と比較すると、鋼材は355倍、アルミニウムに至っては

1,466倍もの量となっている。この実験が行われてから長い年月を経ており、製造工程におけるその後の技術進歩も少なからず考えられることから、ここでの数量的な関係性が2020年代まで続いているとは考えにくく、変化が生じている可能性は高いが、木材製品や木質材料はエコマテリアルであるという位置づけは変わっていないと考えられる。

第2節　京都議定書における森林

1．京都議定書発効までの経緯

地球温暖化対策にとって重要なターニングポイントになったのが「京都議定書」であり、さらにそれは日本の森林管理や木材利用にも強い影響を与えたと考えられる。日本林業は京都議定書を契機にして丸太生産量の増加や森林整備の拡大が進んだためである。

まず、ここで京都議定書の発効までの経緯を振り返っておきたい。1980年代から地球温暖化問題への国際的な関心が高まった。第3講で取り上げた熱帯林減少の問題も国際的に注目されるようになった。このままではよくないという認識とともに具体的行動への議論が活発化していったのである。そして、それは地球温暖化対策への駆動力になったといえる。

そうした時代背景のなかで、1992年5月に「気候変動に関する国際連合枠組条約」(United Nations Framework Convention on Climate Change：UNFCCC、以下では国連気候変動枠組条約）が採択された。環境省ホームページにある本条約の和訳では、その第2条において「気候系に対して危険な人為的干渉を及ぼすこととならない水準において大気中の温室効果ガスの濃度を安定化させることを究極的な目的とする」と記されている。温室効果ガスとは二酸化炭素（CO_2)、メタン（CH_4)、一酸化二窒素（亜酸化窒素、N_2O)、ハイドロフルオロカーボン類（HFCs)、パーフルオロカーボン類（PFCs)、六フッ化硫黄（SF_6）および三ふっ化窒素（NF_3）である。そして、1994年3月に198ヵ国・機関をもって国連気候変動枠組条約は発効し、1995年から気候変動枠組条約締約国会議（COP）が毎年開催されてきた。1997年12月には京都で開催されたCOP 3において、京都議定書が先進国の温室効果ガスの排出削減目標を義務として採択された（192ヵ国・機関）。先進国において1990年比の温室効果ガス排出削減目標が定められ、第１約束期間（2008年～2012年）と第２約束期間（2013年～2020年）が設けられた。

2001年10～11月にモロッコのマラケシュで開催されたCOP７では、京都議定書の運用のための細則が合意され、国ごとの算入上限が具体的に示された。これをマラケシュ合意といい、それによって京都議定書の締結に向けた環境が整うこととなった。そして、2005年２月16日に京都議定書が発効した。同日付けの町村外務大臣談話によると、「京都議定書は、ロシアが昨年11月18日に国連へ批准文書を寄託したことにより、議定書を締結した附属書Ｉ国（先進国）の排出比合計が90年における附属書Ｉ国の二酸化炭素総排出量の55％を超え、これによってその90日後である本日（米国東部時間16日午前０時）をもって発効した」。世界140ヵ国＋EUの参加を得て京都議定書の枠組みで地球温暖化対策が進んでいくこととなったのである。1990年比での温室効果ガス排出量削減について、第１約束期間に日本は－6％、米国は－7％、EUは－8％などが義務をともなう目標となった。なお、米国は署名したものの締結はしなかった。第２約束期間にはEUが－20％の削減目標としたものの、制度の改正や第２約束期間不参加国の京都メカニズム参加資格などが課題となるなかで、日本はここに参加しなかった。

ここで、京都議定書の後となる2020年以降の枠組みに触れておきたい。COP21が2015年11月～12月にフランスのパリで開催され、そこで合意されたのが2020年以降の枠組みとなるパリ協定である。2016年11月に発効したパリ協定では、発展途上国を含む世界の全参加国が排出削減目標を提出することで合意した。ここでの排出削減に義務はともなわないものの、「温室効果ガス削減・抑制目標」（５年ごとの提出）や「温室効果ガスの低排出型の発展のための長期的な戦略」の作成・報告を通じて排出削減に努めるという、排出削減の取り組みに対していわばPDCAサイクルが組み込まれているとみなされる。そして、近い将来に温室効果ガス排出量をピークアウトすることが目標として掲げられている。特に、中国や米国、EU、インド、ロシア、インドネシア、ブラジル、日本などという温室効果ガス排出量の上位にある国・地域での取り組みが一層注目され、重要になっているのである。

2．京都議定書における森林吸収源

環境省の資料にもとづき、京都議定書におけるロシア、カナダ、ドイツ、フランス、英国、日本の森林吸収の適用上限値を**表4－1**に示した。第1約束期間における日本の削減目標は1990年比で6％削減であり、そのうちのおおよそ3分の2にあたる3.8%、1,300万炭素トン（5年間で合計6,500万炭素トン）を森林吸収量が担うこととなった。単位面積あたりとしては52.0炭素トン/㎢である。他の国では、ロシアが3,300万炭素トン、カナダが1,200万炭素トン、ドイツが124万炭素トン、フランスが88万炭素トン、英国が37万炭素トンとなっており、基準年排出量比はカナダとロシアが日本より高く、他の国は1％に満たないことがわかる。表の最右列のA/Bについても、他国では英国の12.3炭素トン/㎢、ドイツの11.3炭素トン/㎢が上位にあるのに対して、日本は52.0炭素トン/㎢と格段に多くなっていた。なお、日本における京都議定書目標達成計画（6％削減約束）の内訳は温室効果ガスの排出削減で0.6%、森林吸収源対策で3.8%、京都メカニズムで1.6%となっていた。つまり、第1約束期間において日本では地球温暖化対策として森林の役割が非常に重かったことを指摘で

表4－1　各国の森林吸収量の適用上限

	削減目標	森林吸収量（基準年排出量比）A	森林面積B	A/B
ロシア	0%	3,300万炭素トン(4.0%)	809万㎢	4.1炭素トン／㎢
カナダ	6%	1,200万炭素トン(7.2%)	310万㎢	3.9炭素トン／㎢
ドイツ	8%	124万炭素トン(0.4%)	11万㎢	11.3炭素トン／㎢
フランス	8%	88万炭素トン(0.6%)	16万㎢	1.2炭素トン／㎢
イギリス	8%	37万炭素トン(0.2%)	3万㎢	12.3炭素トン／㎢
日本	6%	1,300万炭素トン(3.8%)	25万㎢	52.0炭素トン／㎢

出所：環境省「森林吸収源対策について」をもとに筆者作成

きる。森林吸収量において天然林も5年間で280万炭素トンの吸収が見込まれており、人工林・天然林の双方が重要な役割を担うこととなったのである。

京都議定書第3条第4項に関するマラケシュ合意では、農業土壌、土地利用変化および森林分野（Land Use, Land Use Change, and Forestry：LULUCF）における人為による温室効果ガスの排出および除去の変化に関する追加的活動の検討があり、1990年以降に実施された分に限って第1約束期間に適用できるとされた。森林経営、農用地管理、放牧地管理、植生回復がこの内容として含まれた。この森林経営としては、育成林（主に人工林）では森林を適切な状態に保つために1990年以降に行われてきた間伐などの森林施業が含まれた。天然生林（主に天然林）では、保安林に関する法令などにもとづく伐採・転用規制などの保護・保全措置が必要となった。日本の保安林制度において森林面積の半分が保安林に指定されていることはすでに説明したが、2000年代以降に保安林指定が増加した一因としては京都議定書の発効が影響したことが考えられる。なお、国内における保安林面積増加の多くを国有林が担ったのには、1998年の国有林野事業の抜本改革も寄与したことは第2講で指摘したとおりである。

森林経営における人工林の施業は、スギを例にするとおおよそ以下①～⑤のように行われる。

① 伐採跡地の残材・枝などの整理などの地拵えや地表かきおこしの後に行う植栽（植え付け、植林）

② 植栽後3～5年の間に植栽木に陽を十分にあてるために年1回程度行う下草刈り（下刈り）

③ 植栽後の数年～10数年間に他の樹木の侵入を取り除く除伐

④ 樹木の成長をみながら立木密度を調整する間伐（おおむね植栽して15～20年後（15～20年生）に行う1回目の切り捨て間伐、25～30年生で行う2回目と35～40年生で行う3回目の間伐）

⑤ 50年生あたりで行う主伐

なお、日本では第二次世界大戦後に1haあたり3,000本で植栽することが広く行われてきたが、2000年代から費用削減の観点から植栽密度を落とし、近年は2,000本程度とする地域や森林所有者も増えている。2回目や3回目の間伐では、間伐した材を搬出して利用するのが一般的であり、それらは製材品や合板などに加工されたり、木質バイオマスとして燃料になったりする。

京都議定書における新規植林は、「過去50年間森林ではなかった土地に植林すること」をいい、日本ではそれを行うのが難しい。植栽できるところはすでに人工林となっており、新たに対象地をみつけることは容易でないからである。再植林は、「1989年12月31日より前の時点において森林であったが、同日時点では森林ではなかった土地に植林すること」をいう。これに関しても対象地はかなり限定的である。つまり、日本では新規植林も再植林も対象になる土地はほとんどないといってよい。そこで、日本では「1989年12月31日時点で森林だった土地で、1990年１月１日以降にその森林を適切な状態に保つために人為的な活動（林齢に応じた森林の整備や保全など）を行う」という森林経営を進めることになる。このことは、持続可能な方法で森林の多面的な機能を十全に発揮するための一連の作業と言い換えられよう。

森林総合研究所温暖化対応推進拠点によると、京都議定書にもとづく森林吸収量報告では、森林吸収量を「吸収量（炭素トン/年）＝幹の体積の増加量（㎥/年）×拡大係数×（１＋地上部・地下部比）×容積密度（トン/㎥）×炭素含有率」として計算する。幹の体積（幹材積）は、「収穫表」により樹種と林齢から平均的な幹材積を調べ、１年間に幹材積が増加した分が把握されている。枝・葉・根の炭素量の増加についても、幹材積の増加量に拡大係数をかけて計算し、地上部全体の量を求める。地下部の量（根の部分）についても、「１＋地上部・地下部比」の部分で含められている。それに、体積から重量に変換するための容積密度と樹木の重量あたりどれぐらいの炭素を含んでいるのかの炭素含有率をかけて総量の結果が得られる。なお、拡大係数などの値については、スギやヒノキなどの針葉樹、クヌギやナラなどの広葉樹によって異なっている。

３．京都メカニズムの制度

環境省地球環境局地球温暖化対策課「図説・京都メカニズム第２版」によると、京都メカニズムは京都議定書において国際的に排出量削減に取り組むための制度であり、市場原理を活用する枠組みとなっている。具体的には、京都議定書第6条の共同実施（JI：Joint Implementation）、第12条のクリーン開発メカニズム（CDM:Clean Development Mechanism）、第17条の排出量取引（Emissions Trading：ET）の3つがある。

共同実施は、温室効果ガス排出量の数値目標が設定されている先進国同士が協力して排出削減または吸収増大のプロジェクトを実施し、それにより生じた排出削減量または吸収増大量にもとづきクレジット（ERU：Emission Reduction Unit）を発行したうえで、そのクレジットの一定量を投資国側のプロジェクト参加者に移転するという制度である。排出枠が設定されている先進国間での排出枠の一部のやり取りになるため、先進国全体としての総排出枠に影響を与えない。事業によって生じた排出削減量または吸収増大量にもとづいて発行されたクレジットをプロジェクト参加者で分け合うことにより、双方にメリットが生まれる。

クリーン開発メカニズムは、温室効果ガス排出量の数値目標が設定されている先進国が、設定されていない発展途上国において排出削減または吸収増大のプロジェクトを実施し、それにより生じた排出削減量または吸収増大量にもと

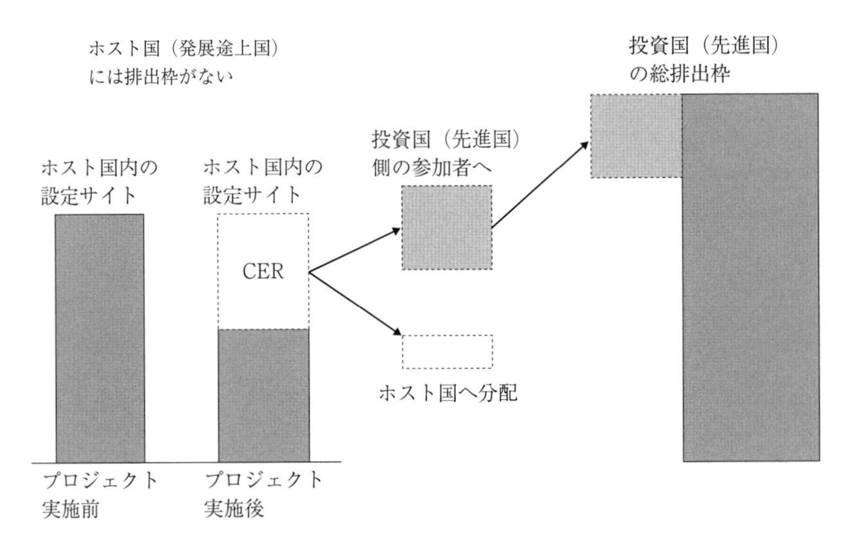

図4－5　クリーン開発メカニズム（CDM）の仕組み

出所：国土交通省（2005）4頁をもとに筆者作成

づきクレジット（CER：Certified Emission Reduction）を発行したうえで、そのクレジットを参加者間で分け合う制度である（**図4－5**）。先進国にとっては、獲得したクレジットを自国の目標達成に利用できるというメリットがあり、途上国にとっては投資と技術移転の機会が得られるというメリットにつながる。ここで、筆者が関わった例を挙げて説明しよう。日本の団体および企業が、インドネシアのロンボク島において植生が回復しない土地にCDM植林を行うプロジェクトを設定し、日本企業の出資により森林造成を行い、その結果として炭素吸収がなされて炭素クレジットが発生する。その炭素クレジットを、投資した日本と事業を行ったインドネシアとで分け合い、日本企業はその炭素クレジット（炭素削減量）を自らの総排出枠に算入してオフセットするという仕組みである。

排出量取引は、先進国同士で排出枠の移転または獲得を認める制度である。共同実施と同様に、先進国全体として総排出量枠に影響を与えない。このなかでは、割当量単位のほか、CER、ERU吸収源活動による吸収量も取り引きできる。

第3節　森林に関わる地球温暖化対策の具体例

1．発展途上国の取り組み―REDDプラス

京都議定書の問題点としては途上国の森林減少・劣化の抑制による削減の仕組みをもたないことが指摘された。IPCC第4次評価報告書によると、炭素排出量の約20％が森林減少・劣化によるとされ、それをどう軽減するかの取り組みも不可欠だからである。それに対して、2005年のCOP11でパプアニューギニアとコスタリカの共同によって「途上国の森林減少・劣化に由来する排出の削減」（Reducing Emissions from Deforestation and Forest Degradation in Developing Countries：REDD）が提案され、2007年のCOP13におけるバリ行動計画ではREDDに途上国の森林保全や持続的森林経営、炭素蓄積の増強などを加えたものとしてREDD＋（プラス）となった。そして、COP16ではREDD＋の対象となる活動の範囲やREDD＋の取り組みの考え方が決定された（カンクン合意）。

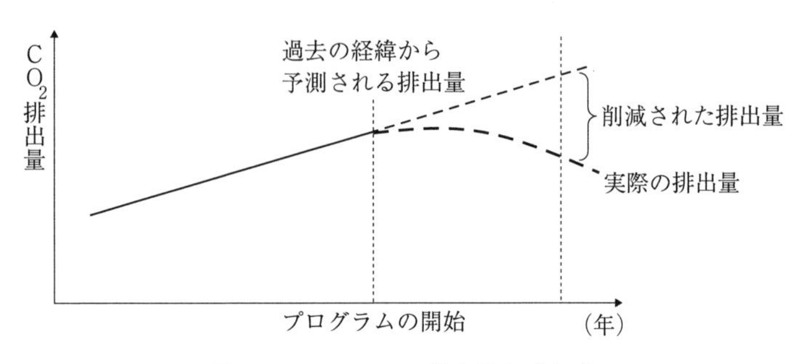

図4－6　REDDの基本的な考え方

出所：国際開発事業団（JICA）ホームページの図をもとに筆者作成

REDDの基本的な考え方は、過去の推移などから予想される森林の減少・劣化にともなう排出量と実際の排出量との差に応じ、資金などの経済的インセンティブを付与するというものである（**図4－6**）。模式的に作成したこの図で横軸に時間、縦軸にCO_2排出量をとり、過去の経緯から予測されるCO_2排出量は時間とともに増加するという右肩上がりの直線になると仮定する。あるときに排出削減のプログラムが開始されると、徐々に排出量は低下していき、この実線は曲線の点線のように下方へ変化すると考えられる。REDD＋は、このプログラムによって削減された排出量、つまり右肩上がりの破線の直線と下方に変化する破線の曲線との差の部分について経済的インセンティブを与えるという枠組みである。REDD＋における活動は5つ挙げられ、ここでみた森林減少からの排出の削減のほか、森林劣化からの排出の削減、持続可能な森林経営、森林炭素蓄積の強化からなる。森林の減少・劣化の抑制などによって排出削減・炭素吸収を促すことを目的とした取り組みが、REDD＋ということができる。発展途上国で整備すべき要素としては、国家戦略、参照排出レベル、国家森林モニタリングシステム、セーフガードに関する情報提供システムなどが挙げられている。

例えば、ラオスの山村部において時々森林火災が発生してCO_2排出が続き、これが拡大する傾向にあったとする。そこで、ある村においてみんなで見回りをし、森林火災が起きそうになったらみんなで消火に当たる取り組みを行い、その結果として森林火災・CO_2排出量が抑えられ、消失する面積が小さくなると、実際の排出量は徐々に小さくなることから、過去の経緯から予測される排出量とプログラム実施後の排出量の差をとり、それに対して経済的インセンティブ（資金）を与えるものである。どのような経済的インセンティブかについては、現地のニーズに応じることが不可欠となり、持続性のあるものが必要になってこよう。例示すれば、耕運機を提供することが挙げられる。それまで鍬で畑を耕しているところを、耕運機で耕せ、耕運機を使って物を運ぶことができるならば、彼らの生産活動にとって大きなメリットになり、かつ農業の生産性の向上がともなえば森林開発への圧力は軽減されることになるだろう。

こうした取り組みに対して課題も指摘されている。参照排出レベルを示すレファレンスシナリオについて、過去の経緯から予測される排出量が線形増加する例を示したが、森林火災が毎年同じ頻度・規模で発生するわけではなく大なり小なり波を打つような曲線も考えられる。とる期間によってレファレンスシナリオの形状が変わることになり、それは削減された排出量の計算結果にも影響する。また、森林観測システムによってリモートセンシングと地上での森林炭素調査によって繰り返し調査が行われるが、どうサンプリングをするかも課題となる。REDD＋においても、モニタリング手法の確立や、先住民の生活・人権や地域の生物多様性への配慮なども重要な課題となる。

2. 日本の取り組み―J-クレジット

国内において森林も対象となる地球温暖化対策としてJ-クレジット制度を取り上げよう。制度の変遷に関する詳細は省くが、これは2013年度より国内クレジット制度とJ-VER制度を一本化して設けられ、経済産業省と環境省と農林水産省の3省が運営している。その概要を図4-7に示した。この制度は、温室効果ガスの削減・吸収活動を対象としており、プロジェクト単位で炭素クレジットを登録する。例えば、対策を実施しなかった場合の想定CO_2排出量（ベースライン排出量）よりプロジェクトの実施により排出量が減る場合に、その差分に対して削減された炭素量がJ-クレジットとして認証される。

クレジット創出側には中小企業や農業者、森林所有者、地方自治体などがおり、温室効果ガスの排出削減量または吸収量の増加につながる事業を実施する。

温室効果ガスの排出または吸収量の増加につながる事業の実施

【省エネ設備の導入】 ボイラーや照明設備　【再生可能エネルギーの導入】 太陽光発電設備の導入　【適切な森林管理】 植林・間伐等

J-クレジット創出者（中小企業、農業者、森林所有者、地方自治体等）

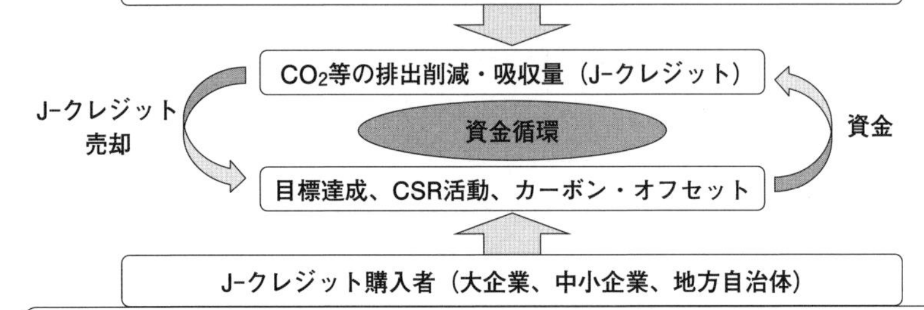

【CDP・SBTへの活用・RE100の達成目標】【温対法・省エネ法の報告】【カーボン・オフセット】【SHIFT事業・ASSET事業】【経団連カーボンニュートラル実行計画の達成目標】

図４－７　J-クレジット制度の概要

出所：J-クレジット制度事務局「J-クレジット制度について」をもとに筆者作成

例えば、省エネルギー設備（燃料転換や高効率化）や再生可能エネルギーの導入、適切な森林管理のプロジェクトを実施することで排出削減または吸収が進み、それにより発生したクレジットを登録する。他方、温室効果ガスの排出を行う大企業や中小企業、地方自治体などがクレジットの購入者となる。2023年６月28日現在の実績は、認証量895万 t-CO_2、登録プロジェクト1,010件となっている。

クレジット創出の方法論として、排出削減・吸収に資する技術ごとに適用範囲、排出削減・吸収量の算定方法およびモニタリング方法などを規定している。例えば、省エネルギーと再生可能エネルギーでは化石燃料の使用を抑えることなどによりエネルギー由来のCO_2を削減、工業プロセスでは化学的または物理的変化により排出される温室効果ガスを削減、農業分野では排出される家畜由来または農地由来の温室効果ガスを削減（低タンパク配合飼料、硝化抑制剤入り化学肥料、バイオ炭の農地等）、森林では各種施業の実施により温室効果ガスを吸収（森林経営活動、植林活動、再造林活動）となっている。クレジットの売買には相対取引と入札販売があり、その単価は再生可能エネルギーで2,000～3,000円、省エネルギーなどで1,500円ほどと見込まれる。

創出者にとっては、省エネルギー対策の実施によるランニングコストの低減効果、クレジット売却益による投資費用の回収や更なる省エネ投資への活用、地球温暖化対策への積極的な取り組みに対するPR効果、J－クレジット制度に関わる企業や自治体との関係強化などがメリットとなる。クレジット購入者にとっては、① ESG（環境、社会、ガバナンス）投資が拡大するなかで森林保全活動の後押しや環境貢献企業としてのPR効果を発揮すること、② 地球温暖化対策の推進に関する法律の調整後温室効果ガス排出量の報告や、英国で設立されたNPOで環境インパクトの情報開示を行うCDP（Carbon Disclosure Project）の質問書、あるいは国際的イニシアチブのRE100（Renewable Energy 100%）達成のための報告などに活用できること、③ 製品・サービスにかかるCO_2排出量をオフセットすることによる差別化・ブランディングに結びつくこと、④ 関係企業や地方公共団体との新たなネットワークを活用したビジネス機会の獲得や新たなビジネスモデルの創出につながることが挙げられる。

J－クレジット制度は、クレジットの売買を通じて地球温暖化対策を進めながら地域の社会や経済に貢献する可能性があり、森林や木材の取り扱いを含めて注目が高まっている。

【引用・参考文献】

Buchanan, A. H. (1990) *Timber Engineering and The Greenhouse Effect.* ITEC Proceeding, pp. 931-937

環境省「IPCC第4次評価報告書統合報告書概要（公式版）2007年12月17日 version」
https://www.env.go.jp/earth/ipcc/4th/ar4syr.pdf (2023年8月31日参照)

環境省地球環境局地球温暖化対策課「図説・京都メカニズム（第2版）」
https://www.env.go.jp/earth/ondanka/kyoto-m/03/ref_all.pdf (2023年8月31日参照)

経済産業省資源エネルギー庁「『カーボンニュートラル』って何ですか？（前編）―いつ、誰が実現するの？」
https://www.enecho.meti.go.jp/about/special/johoteikyo/carbon_neutral_01.html (2023年8月31日参照)

国土交通省「社会資本整備におけるCDMの活用を目指して―地球温暖化対策を通じた国際貢献―」2005年

国立研究開発法人森林研究・整備機構　森林総合研究所「森林による炭素吸収量をどのようにとらえるか―京都議定書報告に必要な森林吸収量の算定・報告体制の開発―」
http://www.ffpri.affrc.go.jp/research/dept/22climate/kyuushuuryou/（2023年8月31日参照）
国立研究開発法人森林研究・整備機構　森林総合研究所 REDD 研究開発センター「REDD 基礎知識」
https://www.ffpri.affrc.go.jp/redd-rdc/ja/redd/basics.html（2023年8月31日参照）
J-クレジット制度事務局内「J-クレジット制度について」
https://japancredit.go.jp/（2023年8月31日参照）
https://www.env.go.jp/council//06earth/y060-kondan05/ext02.pdf（2023年8月31日参照）
http://www.ffpri.affrc.go.jp/research/dept/22climate/kyuushuuryou/（2023年8月31日参照）
https://www.ffpri.affrc.go.jp/redd-rdc/ja/redd/basics.html（2023年8月31日参照）
http://carbon-markets.env.go.jp/mkt-mech/climate/redd.html（2023年8月31日参照）
文部科学省・気象庁・環境省「気候変動の観測・予測及び影響評価統合レポート―日本の気候変動とその影響―2012年度版」

この講の理解を深めるために

(1) 地球温暖化対策としての森林の役割は何か？そしてどう活用できると考えられるか？
(2) 地球温暖化対策における木材の特質は何か？そしてどう活用できると考えられるか？
(3) 森林・林業分野においてJ-クレジット制度は地球温暖化対策としてどう活用できるかと考えられるか？

第５講
森林分野の経済評価

第１節　自然のもつ経済価値のとらえ方と森林への社会的ニーズ

１．自然のもつ経済価値

自然の有する経済価値を把握することは、その持続可能な管理やそれに向けた政策立案などに有益な情報を提供すると期待される。例えば、富士山の入山者数をより適切にするために入山料を課すことを挙げると、その入山料を収入として登山道や山小屋、トイレなどの管理に充てるならば、より適切で快適な利用につながると考えられる。そのためには、富士山の登山者が富士山に登るためにどれほどの費用をかけているかを調査したり、富士山の景観を楽しむ市民がそれを享受するためにどの程度の支払いをしてよいと考えているかを調査したりし、その結果として得られる経済評価額にもとづいて、どの程度の入山料や税金を管理に充てるかを検討するのである。

ここで、森林を含む自然の経済価値を利用価値と受動的利用価値（非利用価値）に分けて考えてみよう（図５−１）。利用価値は直接的利用価値、間接的利用価値、オプション価値からなる。直接的利用価値は、木材やキノコなどを直接に利用する、または消費することで得られる。間接的利用価値は、釣りやレクリエーションに興じながら間接的に森林の景観も楽しむというように、間接的な利用により得られる。これらは、自然に存在するものを直接的、間接的に自らが現在利用することで発生する価値である。オプション価値は、現在は利用していないけれども自らが将来利用することで得られる、あるいは将来の利

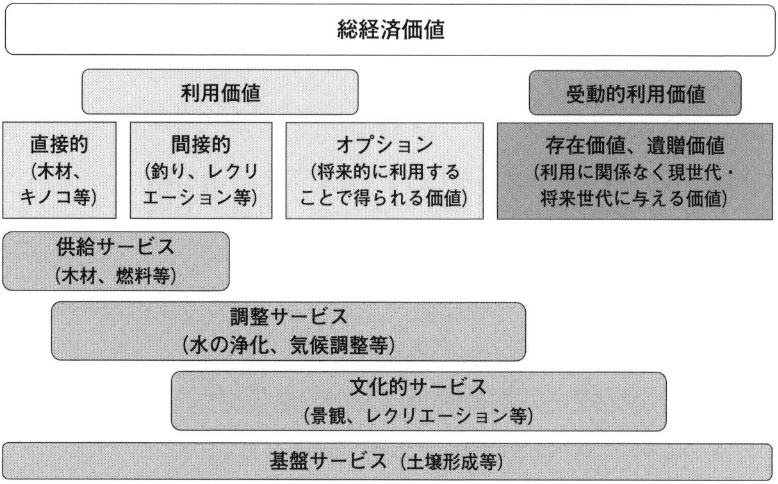

総経済価値

利用価値

受動的利用価値

直接的
（木材、
キノコ等）

間接的
（釣り、レクリ
エーション等）

オプション
（将来的に利用する
ことで得られる価値）

存在価値、遺贈価値
（利用に関係なく現世代・
将来世代に与える価値）

供給サービス
（木材、燃料等）

調整サービス
（水の浄化、気候調整等）

文化的サービス
（景観、レクリエーション等）

基盤サービス（土壌形成等）

図５－１　自然の持つ経済価値

注：文献によって上記の「受動的利用価値」は「非利用価値」と記されている。

出所：2012年１月10日の国立環境研究所セミナーにおける吉田謙太郎氏の発表をもとに筆者作成

用可能性を保つ価値としてとらえられる。例えば、熱帯雨林には高い生物多様性があると考えられ、将来に抗生物質となる成分がそこに含まれる、みつかると期待してそれを保持するというような価値である。他方、受動的利用価値は存在価値と遺贈価値からなる。存在価値は利用に関係なく、存在することによる価値である。大径・老齢なスギやヒノキの樹木が境内にある神社や寺院では、それらの存在そのものが大きな価値をもつ場合が少なくない。遺産価値については、自らが利用することはないが、将来世代のために残すべき自然の価値である。

経済価値は生態系サービスという観点でも整理できる。供給サービスにはキノコなどの食料や飲用水などの淡水資源、木材などの原材料、遺伝子資源などが含まれ、森林でとらえると生産機能に対応する。調整サービスは炭素固定などの気候調整や水量調節、水質浄化などからなり、森林の公益的機能に対応する。文化的サービスは自然景観の保全やレクリエーション・観光の場と機会、科学や教育に関する知識などから、基盤サービスは土壌形成などからなり、森林の公益的機能に対応する。供給サービスは直接的かつ間接的な利用価値に関連し、調整サービスと文化的サービスと基盤サービスは利用価値から受動的利用価値まで幅広く関連している。

2．森林の多面的働きへの社会的ニーズ

森林の有する多面的機能に対する社会的ニーズはどのようになっているのであろうか。石崎涼子（2016）によると、1976年9月に実施された「森林・林業に関する世論調査」をはじまりとして、森林・林業に関する内閣府世論調査が行われてきた。2019年に実施された「森林と生活に関する世論調査」まで合計12回の調査が行われている。それらの結果は林野庁が森林・林業基本法にもとづいて公表する『森林・林業白書』にも掲載されている。『令和元年度森林・林業白書』に掲載されている図を援用しながら両者の関係を時系列で追ってみよう（図5-2）。

1980年から2019年までの間に、社会的ニーズは一貫している部分と大きく変化している部分とがある。1980年に第1位だったのは災害防止の働きで、第2位に下がった2007年を除くと一貫して第1位にある。台風や地震などが高い頻度で生じる日本において、山崩れや洪水などの自然災害を防止することへの社会的ニーズが最も高いことを確認できる。1980年の第3位に水資源を蓄える働きが入り、その後の調査でも第2位ないし第3位を続けている。水資源は私たちの生活にとっても産業にとっても重要であり、その認識もあって高い水準で継続していると考えられる。1980年に第4位の空気をきれいにしたり、騒音をやわらげたりする働きは、その後にも第3位ないし第4位が続いている。

他方、1980年に第2位だったのは木材を生産する働きであり、住宅用建材や家具、紙などの原材料としての木材への期待が大きかった。第7講で取り上げる日本の木材需給において、高度経済成長期に旺盛な木材需要があり、1970年代後半にも木材需要は一定水準を保ち続けていたことから、そのような木材に対する社会的ニーズが反映されていたと考えられる。しかし、その位置づけは1999年にかけて低下し、この年には9つの働きのなかで最下位になった。1990年代になって地球温暖化対策や生物多様性保全への関心の高まりがあり、京都

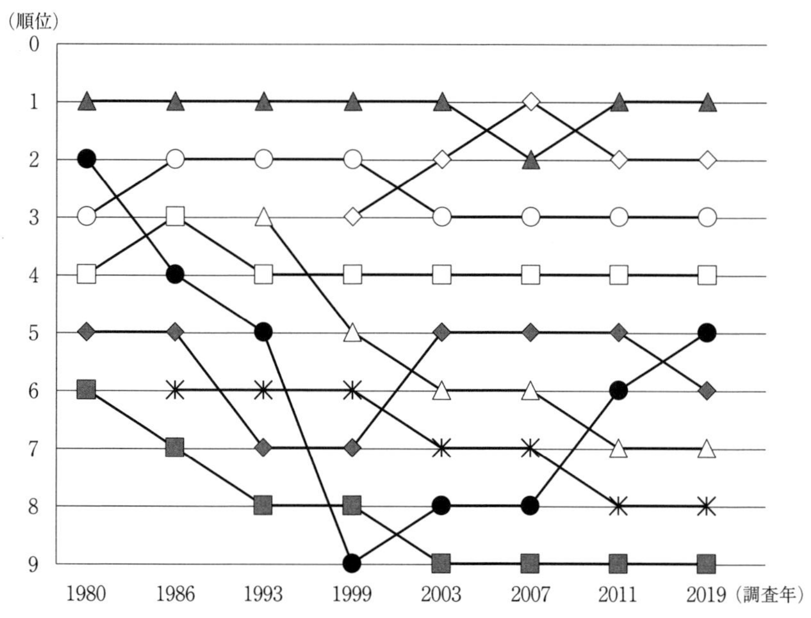

図５－２　森林に期待する役割の変遷

出所：林野庁『令和元年度森林・林業白書』資料Ⅰ－６をもとに筆者作成

議定書の採択を受けて森林に対する社会的ニーズには変化が生じたと考えられる。だが、この順位は2000代以降に上昇するようになり、2019年に第５位まで高まっている。枯渇性資源に代わる木材の利用への期待が高まり、さらにカーボンニュートラルへの取り組みも相まって、木材への社会的ニーズが変わってきているとみられる。

この他に、1980年に第５位だった心身の癒しや安らぎの場を提供する働きについては、1990年代まで低下傾向にあったが、2000年代以降に順位を上げている。森林空間を利用したレクリエーションやツーリズム、森林セラピー®などの活動に拡がりがあり、社会的ニーズとして着実に定着してきていることの現れとしてとらえられる。1980年の第６位はきのこや山菜などの非木材森林産物の生産であったが、その後の調査においても順位は低いままに推移している。

一連の調査が進むなかで、1986年に教育の場としての働き、1993年に野生動植物の生息の場としての働き、1999年に地球温暖化防止に貢献する働きが加わった。森林に対する社会的ニーズが、国内外の社会情勢の変化とも相まって、多様化してきたことを反映した結果ともいえる。これらの推移をみると、教育の場としての働きは2000年代以降に順位を下げ、野生動植物の生息の場としての働きも低下傾向が続いている。地球温暖化防止に貢献する働きは、京都議定書の発効から間もない2007年に第１位になり、その後には第２位となっていることから、社会的ニーズの高さが継続している。

このように森林の働き、その機能に対する社会的ニーズには変化もみられるが、災害防止や水資源貯蔵、地球温暖化防止、野生動植物の生息の場などの公益的機能に分類される働きには大きな期待があるといえる。しかしながら、これらの働き、機能のほとんどに価格は存在しない。持続可能な管理の実現に資するべく価格の存在しない森林の機能を私たちはどのように評価するのかが問われているのである。第２節と第３節では栗山浩一ほか（2013）を参考としつつ筆者なりに解説を行う。

第2節　経済評価の方法

1．非市場アプローチ

経済評価の方法としては市場アプローチと非市場アプローチがある。市場アプローチでは、実際の市場取引における価格シグナルによって直接に評価する。生産機能として産出される丸太やキノコなどに価格が付いているのがその例である。その他にも、野生動植物の取引価格やツーリズムによる収入、生物資源探索契約による収入なども価格シグナルととらえられる。

利用価値を評価する非市場アプローチとして、① 自然資源の有する機能を同等と見なされるほかの価格や費用のあるもの（代替財）の市場価格や費用によって置き換える方法（代替法）、② 消費行動が環境により異なることを念頭に、利用価値に対して代理市場価格に反映させた環境価値を測る方法（顕示選好法）、そして ③ 利用価値に加えて受動的利用価値を含めて人々に質問することにより評価する方法（表明選好法）がある。代表的な顕示選好法として旅行費用法（TCM）やヘドニック法、回避支出法が、代表的な表明選好法には仮想的市場評価法（CVM）、コンジョイント分析が挙げられる。公表されている研究をみると、表明選好法や顕示選好法を用いたものが多い。なお、栗山・柘植・庄子（2013）のように代替法を顕示選好法として扱うことも多いが、消費行動としてはとらえにくいと考えて、本書では代替法を単独で扱うこととする。

非市場アプローチを用いた経済評価としては、第２講で取り上げたように日本学術会議が農林水産業に関わる経済評価を公表しており、その額は農業・農村が８兆2,226億円、森林が70兆2,638億円、水産業・漁村が10兆7,418億円となっている。また、都道府県が同様の方法により推計していることから、それぞれの関心に沿って調べてみるとよいだろう。

２．代替法

利用価値を評価する方法のひとつとして、代替法では対象とする事象と同等の便益をもたらすと見なされる代替財の市場価格をもとに、それに置き換える方法で対象の便益を評価する。代表的な対象として、水源涵養機能にかかる水資源貯蔵についてダムを建造することが挙げられる。森林地帯あるいは山岳域には水を貯留する機能があることに対して、利水や治水という目的のダムをもって置き換えようとするものである。そうしたダムを造ることによる便益を考え、その費用をもって代替させる。ダムが森林地帯と同様に水を蓄えていると考え、ダム建設費用によってその価値を置き換えることになる。この他にも、例えば酸素供給機能を酸素ボンベの価格を使って表すようなこともかつて行われた。

3．顕示選好法

TCMは、旅行に対して支払われた費用にもとづいてレクリエーション価値を評価する方法である。訪問地までの移動手段として車やバス、電車、自転車、徒歩などの方法が考えられ、それらを含む旅行費用にもとづいてレクリエーションの価値を評価する。レクリエーション地によってより高い費用を支払ってでも訪問したいと考えることが想定されるが、例えば訪問回数が増えることによって訪問するごとに得られる旅行の満足度は低下すると考えられる。旅行ごとに支払う費用に対して得られる満足度を合計することにより、訪問価値を推計することになる。この評価では、後述するように需要曲線と消費者余剰を用いて行われる。

ヘドニック法は住宅価格や労働賃金などに関する評価に用いられており、前者では需要者側の付け値という概念から支払額を推計する。例えば、あるエリアにおける中古住宅についてどのような要因で価格が決定されているかを分析する際に、築何年（時間が経てば価格は低下）、最寄り駅からのアクセス（価格は近接していれば高く、遠くなると下がる）、住宅の向き（南向き・東向きは高く、北向きや西向きは安い）、近くに公園がある（高額）、近くにスーパーがある（高額）、学業成績の高い学校の学区である（高額）というような要因を説明（独立）変数として導入して回帰分析を行う。

回避支出法では、環境悪化を緩和・回避する目的で行われる財・サービスへの支出をもとに環境の経済価値を推定する。被害を防ぐために費やされる代金となることから、追加的支出ととらえられる。ここでは、人々が合理的に行動する場合、環境悪化がもたらす不利益が環境悪化を緩和・回避するための費用を上回る限り、家計は回避行動をとるであろうという仮定が置かれている。代表的なものに、花粉症を患っている方がその発症を回避したり軽減させたりするためにマスクやゴーグルを着用する、医療機関を受診する、症状を緩和する薬を飲用する、空気清浄機を購入するなどして費用をかけている。これは、騒音公害や大気汚染、水質汚染などでも同様なことが考えられ、例えば騒音なら窓を二重にしたり防音壁を設けたり、大気汚染では空気清浄機やエアコン、マスクなどを導入したりする。

4．表明選好法

表明選好法として、環境の改善と悪化に対する個人の選好にもとづき、改善に対する支払意志額（WTP：willingness to pay）あるいは悪化に対する受入補償額（WTA：willingness to accept compensation）についてアンケート調査や聞き取り調査により人々に直接に質問することによって評価する手法をみていこう。

大学の構内を例に考えてみよう。授業中に教室の窓から外をみたときに、教室によって空がみえたり、遠くに山々がみえたり、構内に木々がみえたり、あるいは隣の建物がみえたりしている。構内にある木々を減らさない、あるいは健全な状態を保つ（環境悪化を回避する）ことに対して、学生たちにアンケート調査や聞き取り調査でWTPを尋ねることにより、在学生が環境悪化を回避するために最大限支払ってもよい金額を把握することができる。別の観点では、樹木のない構内に樹木を導入して環境改善を図ることを想定し、それに対するWTPを学生に尋ね、環境改善のために学生が支払ってよいとする金額を推計することができる。ただ、さまざまな状況に応じて支払意思額の回答が変わる（バイアスが生じる）可能性があることに留意が必要である。

また、構内に樹木がなくなって代わりに建物が立つ場合を想像してみよう。在学するのは向こう2年間～3年間だから気にならないという学生もいるだろうが、やはり樹木はあり続けてほしいと思う学生も少なくないのではないだろうか。そのような学生は、構内のある樹木の数本を伐採して校舎が新たに建つことに対して、何らかの補償が行われる場合に許容することが考えられる。こうしたことを想定してWTAを調査することも考えられる。

受動的利用価値（非利用価値）の評価を含め、このような仮想市場が成立するすべての環境財・サービスについて、表明選好法を用いて経済評価額を得ることが可能であり、汎用性は高いといえる。だが、こうした表明選好法の適用には、アルバイト代や保護者からの仕送りが入った直後などで財布にお金が多くあれば、大きな気持ちになってやや高めにWTPを回答するかもしれず、あるいは財布にお金が少なければWTAを少なめに回答するかもしれない。そうしたバイアスをどう回避するかの工夫が、調査の設計や実施には不可欠になることには留意しなければならない。

第3節　分析のベースとなる理論の例

1．TCM

旅行には1ヵ所だけを目的にする場合と複数箇所を目的にする場合がある。ここでは、基本的な考え方を解説することを目的に、1ヵ所のみの場合を取り上げ、ゾーントラベルコスト法と個人トラベルコスト法を紹介しよう。

図5-3は、横軸に訪問率もしくは訪問回数、縦軸に旅行費用をとり、レクリエーション需要曲線を描いたものである。分析対象者のとり方や調査の仕方によっては階段状の需要曲線になることも考えられるが、ここでは模式的に滑らかな曲線で描いている。ゾーントラベルコスト法は、ある地域から評価対象のレクリエーション地に行くのに要する平均的な旅行費用（TC）と地域内のゾーンごとの住民の訪問率（利用者数／人口）との関係を示している。旅行費用が高いゾーンからの訪問率は低くなり、旅行費用の低いゾーンからの訪問率は高くなると想定され、右下がりの需要曲線になると考えられる。旅行費用と各ゾーンからの訪問率のデータから需要関数を推定し、需要曲線の傾きを用いて1訪問あたりの消費者余剰を算出することができる。次式に示すように、それに年間訪問者数をかけることにより、そのレクリエーションの価値を計算できる。

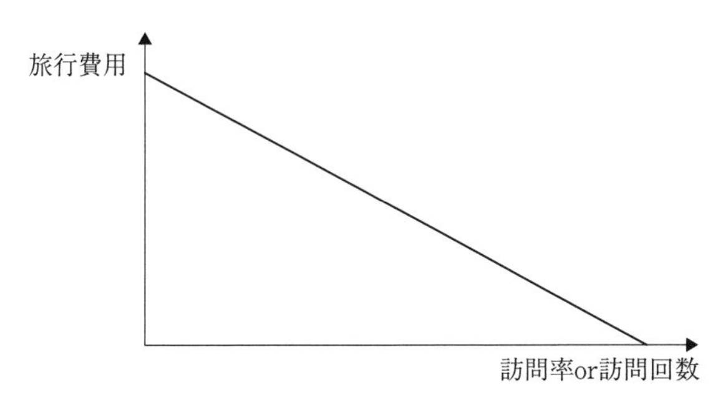

図5-3　旅行費用法におけるレクリエーション需要関数

出所：栗山ほか（2013）図5-1をもとに筆者作成

年間レクリエーション価値＝訪問あたりの消費者余剰×年間訪問者数

個人トラベルコスト法では、評価対象のレクリエーション地までの個人旅行費用と年間訪問回数の関係から需要関数を推定する。ある人の旅行を例にとり、例えば費用が３千円を要する場合に、１回目の訪問で１万円の満足度が得られれば７千円の利益となり、２回目に７千円の満足度ならば４千円、３回目に４千円の満足度ならば１千円の利益となり、４回目に３千円未満の満足度ならば訪問はしないだろう。このような場合には１回目の７千円、２回目の４千円、３回目の１千円の利益を足し合わせると、３回の訪問で合計１万２千円の利益を得られることになる。次式のように、これを利用者数全体で推計することになる。

年間レクリエーション価値＝１人あたり消費者余剰×年間の利用者数

2．ヘドニック法

財の価格はその財を構成する属性によって説明されると考えられる。前節では、中古住宅価格がどのような要因で決定されるかを例示した。**図5－4**は、いろいろにとらえられる要因のなかから、大気の質や緑地の多さを例にとって横軸におき、模式的に示したものである。消費者がある効用を達成するために

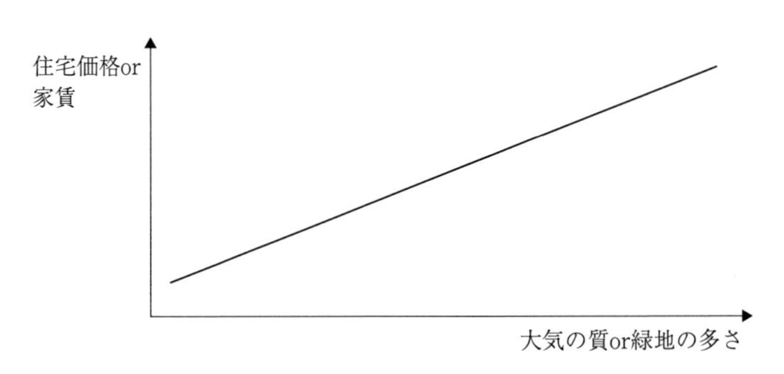

図5－4　ヘドニック価格曲線

出所：栗山ほか（2013）図４－２をもとに筆者作成

支払ってよいと考える価格は、大気の質や緑地の多さという環境が良くなることにともない高まると考えられる。自らの予算制約や嗜好を反映させる形で、個々の消費者はヘドニック価格曲線のいずれかの点で購入する住宅や借りるアパートを選択していると考えられる。

なお、ヘドニック価格曲線は「消費者の付け値曲線」と供給者による「生産者の指し値曲線」との接点として描かれることになるが、それについては栗山ほか『初心者のための環境評価入門』などを参照してほしい。

3．CVM

図5－5は、無差別曲線と支払い意志額の関係を示している。X軸に財1の消費量、Y軸に財2の消費量、Z軸に効用をとった3次元の図である。財1と財2の平面上に無差別曲線が破線で描かれている。例えば、財1として炭酸飲料をコップ1杯、2杯、3杯、……と飲む場合、財2としてオレンジジュースを1杯、2杯、3杯、……と飲む場合を考えよう。このときに炭酸飲料を3杯飲んでオレンジジュースを2杯飲むのと、炭酸飲料を1杯飲んでオレンジジュースを4杯飲むのとは自分にとって同等であるという組み合わせをとらえるのである。この財1と財2の消費の組み合わせが同一水準の効用（満足度）をもたらすという軌跡を無差別曲線という。

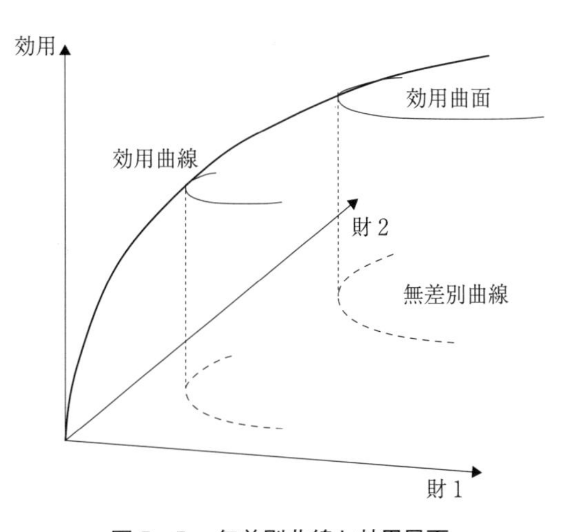

図5－5　無差別曲線と効用局面

出所：栗山ほか（2013）図2－1をもとに筆者作成

つぎに、炭酸飲料にしてもオレンジジュースにしても1杯目は「うわー美味しい！」と強く感じるが、2杯目ではその感じが弱まり単に「美味しかった」となり、3杯目、4杯目、……となると徐々に嬉しさ、満足度は低下する。このことを財1と効用の平面でとらえると、最初の１杯は満足度が大きく上がるが、その上がり具合の程度は徐々に小さくなっていくことになる。これは財１と財２の２つの財を組み合わせて消費する場合にも同じことがいえ、複数の財と効用との組み合わせは効用局面としてとらえられる。効用曲線あるいは効用曲面は、財の数量と効用の関係を示し、財を消費したときの満足度を表している。

図5-6は、環境悪化回避に対する支払意思額を例示したものであり、横軸に復元されるフクロウの生息地数、縦軸に所得をとっている。この図に無差別曲線 U_0、U_1を仮定し、U_0はより高い水準にある。U_0上の点Ａは所得水準 M_0、復元される生息地数30である。このときに復元される生息地数が30から20に減ると効用水準は下がって点Ｄとなり、見方を変えると点Ａから所得水準が下へシフトした点Ｅと同等となる。これは無差別曲線 U_1上に点Ｄと点Ｅがあることから、この両点では同水準の満足度が得られることとなる。点Ｅ、つまり復元される生息地数が30を実現するには、所得を M_0から M_1に低下させる、つまりこの分の支払いを行って復元される生息地数を確保することを意味する。この支払い意志額については、環境悪化の回避に対して消費者が最大支払っても構わないと考えている金額としてとらえられる。このほかにも、復元される生息地の数が減ることにともなう環境悪化に対する受入補償額や、環境改善の中止に対する受入補償額という視点での分析もできる。

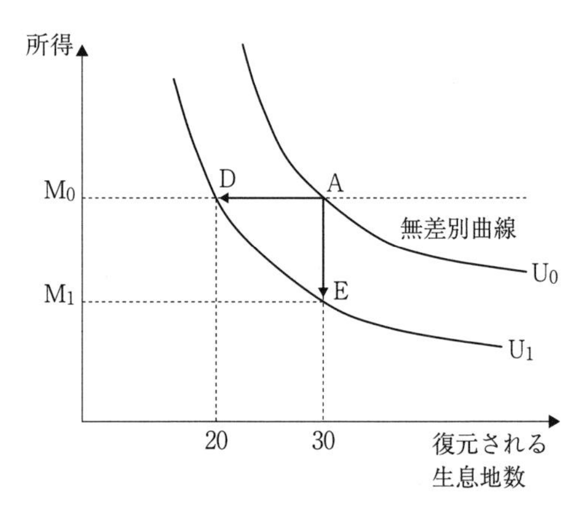

図5-6　環境悪化回避に対する支払意志額の例
出所：栗山ほか（2013）図2-4をもとに筆者作成

4．選択型コンジョイント分析

コンジョイント分析では、財や政策を構成する属性と効用との間の関係を表す効用関数を推定する。例えば、βをパラメータ、Ｚを属性ベクトル、ｐを価格とおくと、以下のような関数として示される。

$$U = \beta_1 Z_1 + \beta_2 Z_2 + \cdots + \beta_n Z_n + \beta_p p$$

この関数を念頭におき、選択型コンジョイント分析を考えてみよう。選択型コンジョイント分析では、環境改善のための複数の代替案を回答者に示し、それらに対する評価をアンケート調査により聞き出すことで環境サービスの価値を評価する。栗山ほか（2013）で挙げられている例では、選択肢として現状０円「森林がない（土砂流出あり）、シマフクロウは生息しない」に対し、環境改善１として年間1,000円を支払うことにより「森林50ha再生（土砂流出50％減）、植林により20年後にはシマフクロウの生息地が復活し、最低１つがいが巣作りする」、環境改善２として3,000円の支払いにより「森林50ha再生（土砂流出50％減）、植林により20年後にはシマフクロウの生息地が復活し、最低２つがいが巣作りする」、環境改善３として2,000円を支払うことにより「森林100ha再生（土砂流出80％減）、植林により20年後にはシマフクロウの生息地が復活し、最低１つがいが巣作りする」などとしている。このような選択肢を設け、回答者に複数の代替案からなる選択セットを提示し、そのなかから最も望ましいものを選択してもらうことによって、どれだけの環境サービスの価値があるかを評価する。そしてどういったオプション、環境改善対策をとるのがよいかを検討する。

ここで示したように、森林や環境に関して知りたい価値があれば、それに対してどのような評価方法があるかを専門書などにより学び、より適した方法を適用することができれば分析結果を得られる。だが、その結果が数値や額として独り歩きしないように、バイアスの回避をはじめとして適切な対応を行うことが大事であり、得られた結果の限界も認識しながら参照していくことが望まれる。

【引用・参考文献】

石崎涼子「内閣府世論調査にみる木材生産に関する国民ニーズ—長期推移と2000年代の特徴—」『森林総合研究所研究報告』15(4)、2016年、111-143頁

https://www.biodic.go.jp/biodiversity/about/library/files/TEEB_pamphlet.pdf（2023年８月31日参照）

環境省自然環境局自然環境計画課生物多様性施策推進室編「価値ある自然―生態系と生物多様性の経済学：TEEB の紹介―」、2012年
栗山浩一・柘植隆宏・庄子康『初心者のための環境評価入門』勁草書房、2013年
柘植隆宏・栗山浩一・三谷羊平編著『環境評価の最新テクニック―表明選好法・顕示選好法・実験経済学―』勁草書房、2011年
Millennium Ecosystem Assessment 編、横浜国立大学21世紀 COE 翻訳委員会責任翻訳『国連ミレニアムエコシステム評価―生態系サービスと人類の将来―』オーム社、2007年

この講の理解を深めるために

⑴ 消費者余剰と生産者余剰を説明しなさい。
⑵ 個人の選好をアンケート調査やインタビューで直接に尋ねる際のバイアスにはどのようなものが考えられるかを述べなさい。
⑶ 森林の経済評価方法のうち非市場アプローチをどう適用できるかについて説明しなさい。

第6講
産業連関分析と森林資源勘定

第1節　国民経済における林業部門の位置

国民経済のなかで林業・木材産業はどのような位置づけにあるのだろうか。このことを考えるにあたり、まず国民経済計算（GDP統計）を取り上げよう。国民経済計算は、国際基準（2008SNA）にもとづき一国の国民経済の経済活動全体を整合的に表すための統計体系である。経済活動全体には2つの面があり、生産、分配、支出、資本蓄積といったフロー面と資産、負債といったストック面からなる。その重要な指標としてGDPを用いる。GDPは、国内経済全体の総産出額から原材料、その他の中間投入物の価値額を差し引いた価額となり、何円とか何ドルとかと表記される。このGDPに占める各産業の位置づけやその変化をみることにより、各国における産業の状況を把握できることになる。

1990～2011年における林業部門の国民経済への寄与をFAOがまとめている（**表6-1**）。FAOが公表した国家単位や国際的経済統計を活用し、林業部門の労働力、付加価値としてのGDP、貿易収支への寄与を指標として集計したものである。やや古いデータとなるが、これを用いて林業部門の位置づけをみていこう。ここでの「林業部門」は国際連合の国際標準産業分類にもとづき、林業（ISIC Rev. 4, Division 02）、木材産業（ISIC Rev. 4, Division 016）、そしてパルプ・紙産業（ISIC Rev. 4, Division 17）から構成されている。なお、薪炭材や非木材森林産物に関する公表統計の制約から、ここでのデータにはそれらの寄与を含んでおらず、本来的な林業部門の全域をカバーしていない点、林業機械製造業や木材輸送業、木材卸業なども対象外である点に留意が必要である。付加

表6－1　主要国における国民経済における森林・林業分野の位置づけ

（単位：％）

国	労働力			国内総生産		
	1990	2000	2011	1990	2000	2011
中国	0.6	0.4	0.5	1.9	1.2	1.7
日本	1.1	0.8	0.6	1.3	0.9	0.7
マレーシア	2.4	2.2	1.7	6.3	3.8	2.0
オーストリア	2.2	1.8	1.5	2.8	2.3	1.9
フィンランド	4.5	3.5	2.8	7.2	7.9	4.3
ドイツ	0.9	0.8	0.6	1.3	1.0	0.8
スウェーデン	3.0	2.5	2.0	4.3	4.2	2.9
チリ	1.4	1.3	1.0	3.2	3.8	3.3
カナダ	2.3	2.3	1.2	2.6	3.2	1.2
米国	1.0	0.9	0.5	1.2	1.0	0.6
ニュージーランド	1.7	1.6	1.2	2.7	3.6	2.7
世界	0.7	0.5	0.4	1.4	1.2	0.9

注：ISIC Rev. 4 Division 02、16、17の集計結果にもとづいている。
出所：Lebedys and Li (2014) Table A-6をもとに筆者作成

価値に関しては2011年平均の対米ドル為替レートにより換算され、過去データについてはGDPデフレーターを用いて2011年基準での実質化がなされている。

世界平均としてみると、労働力に占める林業部門の割合は1990年、2000年、2011年の順に0.7％から0.5％、0.4％へと低下した。労働力に関してデータの得られた国の数は、林業、木材産業、パルプ・紙産業の順に1990年に95、114、117であったが、2011年には48、45、38に総じて減少したことには留意しておきたい。なお、1990年～2011年の平均国数としては林業が61ヵ国、木材産業が105ヵ国、パルプ・紙産業が103ヵ国であった。このうち林業でデータの得られた国々は世界の森林面積の95％、用材生産量の99％を占め、木材産業データを得られた国々は製材品と木質パネルの生産量の99.9％を、パルプ・紙産業に関しても対象国はパルプおよび紙の生産量の99.9％を占める。

ほとんどの国で林業部門の労働力が低下している。1990年から2011年にかけて日本やカナダ、米国ではおおむね半減してそれぞれ0.6％、1.2％、0.5％となった。2011年に１％を超すのはフィンランドの2.8％、スウェーデンの2.0％、マレーシアの1.7%、オーストリアの1.5%、カナダとニュージーランドの1.2%、チリの1.0%である。林産物輸出が盛んな国ほど林業部門の労働力の割合が高いといえよう。また、中国では0.5%ほどで比較的安定した割合が続き、表に含めていないベトナムでは人工林経営の拡大にともなって1990年の0.1%から2011年の0.5%へ大きく高まっている。両国に関しては、木材産業やパルプ・紙産業が後発で発展していることが寄与していると考えられる。

GDPへの林業部門の貢献は、世界平均で1990年から1.4%、1.2%、0.9%へと低下している。付加価値に関してデータの得られた国数は、林業、木材産業、パルプ・紙産業の順に1990年に88、101、92であったが、2011年には105、53、48へ変化し、木材産業とパルプ・紙産業で大幅な減少がみられた。1990年～2011年の平均国数としては、林業、木材産業、パルプ・紙産業の順に124、97、87であった。2011年におけるGDPへの林業部門の寄与では、表中の国で上位にあるのはフィンランドの4.3%、チリの3.3%、スウェーデンの2.9%、ニュージーランドの2.7%、マレーシアの2.0%、オーストリアの1.9%などであり、１%を超す国は少なくない。他方、１%に満たないのは米国とフランスの0.6%、日本の0.7%、ドイツの0.8%である。

1990～2011年の間の林業部門の国民経済への寄与は、労働力と付加価値の面では世界的に低下している可能性が高い。これらには、ウィリアム・ペティやコーリン・クラークが明らかにしたように、経済発展にともなって産業構造の中心が第１次産業から第２次産業へ、さらに第３次産業へと移行することが表れているといえよう。

第2節　産業連関分析

1．産業連関表の仕組み

国民経済はさまざまな産業部門により構成されており、それぞれの産業が必要な財やサービスの取り引きをしながら生産活動を行っている。例えば、ワールド・ベースボール・クラシック（WBC）で世界一になった日本チームに刺激を受けて野球をする子どもが増え、木製バッドに需要が生じる場合を考えてみよう。その需要に応えるべく木製バッド生産を行うために、製造業者や職人は生産活動のためにアオダモやヤチダモなどの原木を購入（投入）する必要がある。それには、森林資源の中から適する原木をみつけ出し、素材生産業者に依頼して伐り出し、輸送業者に工場まで運んでもらうことが不可欠である。このように、ある財に需要が発生すると、それを生産する産業は他産業を介して原材料などを購入（投入）して製造を行い、それを供給して需要に応えていくことになる。つまり、直接あるいは間接に他産業に影響が及んでいき、さらにそれにより所得を得た者はほかの財を需要することが考えられる。

このような財やサービスの生産から最終需要までを対象に、産業部門間の取り引きなどを一定の地域（国や都道府県など）や一定の期間（1年間など）で行列形式にまとめたものを産業連関表あるいは投入・産出表という。これは、経済を支える産業の投入・産出の構造に着目し、経済システムに網の目のように張りめぐらされた産業連関構造を定量的に描き出そうとしている。そして、経済循環をまとめた産業連関表を利用して経済波及効果などの計測を行う分析を産業連関分析という。

産業連関表の沿革について総務省HPにある「産業連関表の歴史」の記載を参考にまとめてみよう。米国の経済学者レオンチェフが1936年に産業連関表を開発し、1944年に米国政府労働統計局が米国経済に関する1939年表を作成し、経済計画策定に利用した。日本では、「産業連関表は、経済審議庁（現内閣府）と通商産業省（現経済産業省）がそれぞれ独自に試算表として作成した、昭和26年を対象年次とするものが最初」とされ、「昭和30年表からは、行政管理庁（現総務省）、経済企画庁（現内閣府）、農林省（現農林水産省）、通商産業省（現経済産業省）及び建設省（現国土交通省）の5省庁と集計・製表を担当する総理府統計局（現総務省統計局）を加えた6省庁により、本格的に共同事業体制による作成作業が開始され」、「それ以降、参加府省庁は順次拡大し、現在は10府省庁による共同作業によって産業連関表が作成されてい」る。

表6－2は産業連関表の構成を簡略化した取引基本表である。表頭に需要部門（買い手）が置かれ、中間需要と最終需要で構成されている。中間需要部門は各財・サービスの生産部門であり、各産業部門は生産に必要な原材料や燃料

表6－2　基本取引表の例

（単位：億円）

		中間需要 a産業	中間需要 b産業	最終需要	生産額
中間投入	a産業	60	150	90	300
中間投入	b産業	90	250	160	500
粗付加価値額		150	100		
生産額		300	500		

出所：総務省ホームページ「産業連関表の仕組み」をもとに筆者作成

などの中間財を購入し、これらと労働、資本等を投入して生産活動を行う。最終需要部門は、主に完成品（消費財）や資本財等の買い手であり、消費や固定資本形成（投資）、輸出からなる。他方、表側には供給部門（売り手）が置かれ、中間投入と粗付加価値額で構成されている。財・サービスの売り手部門が、中間投入部門で中間財の財・サービスを、最終需要部門では完成品を供給している。粗付加価値部門は、雇用者所得や営業余剰からなり、各財・サービスの生産のために必要な労働、資本などの要素費用などが掲げられる。

産業連関表において、需要部門は中間需要の合計（A）と最終需要の合計（B）と輸入（C）で構成されて「A＋B－C」が国内総生産となる。供給部門は中間投入の合計（D）と粗付加価値の合計（E）で構成されて「D＋E」が国内生産額となる。各産業の需要部門と供給部門の国内生産額は一致する。また、需要部門の最終需要と供給部門の粗付加価値額を外生部門、需要部門の中間需要と供給部門の中間投入を内生部門という。外生部門の数値は他部門と関係なく決定されるのに対して、内生部門では取り引きが外生部門によって受動的に決定されることを反映したものである。

表6－2のa産業を例にしてまず列でみていくと、a産業は中間投入としてa産業から60億円、b産業から90億円の原材料などを購入し、150億円の粗付加価値が加わって300億円の生産額となったことがわかる。次にa産業を行でみていくと、300億円の生産額のうち中間需要としてa産業に60億円、b産業に150億円の販売（産出）が行われ、残る90億円が最終需要として販売されたことが示されている。そして、需要部門も供給部門もa産業とb産業の生産額

が一致していることがわかる。

2．生産波及

ある産業の生産活動はどのように他の産業に影響するのであろうか。この波及の仕組みを投入係数や逆行列係数などを取り上げてみていこう。

まず、投入係数（技術係数）は取引基本表の中間需要の列部門ごとに原材料などの投入額を当該産業部門の生産額で除した値（係数）であり、ある産業において1単位の生産を行う際に必要とされる原材料などの単位を把握できる。取引基本表では金額ベースで表される産業間の取り引き関係を比率で表すことになり、この投入係数を列部門別に一覧表にしたものが投入係数表となる。例えば、**表6－2**の値を用いてａ産業の投入係数を計算すると、ａ産業が60÷300＝0.2、ｂ産業は90÷300＝0.3、粗付加価値額は150÷300＝0.5となる。

つぎに、逆行列係数は、ある産業部門に新たな最終需要が1単位発生した場合に、当該産業部門の生産に必要とされる財・サービスの需要を通して各部門の生産がどれだけ発生するかという直接・間接の生産波及を示す。投入係数を介して波及効果が続くことになり、この総和が逆行列係数となる。これを産業別に一覧表にしたものが逆行列係数表である。逆行列係数表は、特定産業部門の生産を1単位行うために直接・間接に必要とされる各産業部門の生産増加が、最終的にどれほどになるかを表し、この列和は当該部門に新規需要が1単位発生したときの産業全体への波及効果の合計とみなされる。

例えば、ｘ産業に新たな需要が1単位発生した場合に、それはｘ産業に直接効果となる。さらに、ｘ産業自らによる投入やｙ産業からの投入が必要となれば、それが第1次間接効果となり、さらにそのためにｘ産業やｙ産業からの投入がともなえば第2次間接効果や第3次間接効果というように波及していくのである。第1次間接効果が他の産業部門にも及ぶ場合には、間接効果はさらに大きくなっていくと考えられる。**表6－2**の例では、ａ産業において生産する財・サービスに1単位の新たな需要が発生した場合に、ａ産業自らの生産を1単位だけ増加させること（直接効果）に加えて、ａ産業に0.2、ｂ産業に0.3の生産増が発生し（第1次間接効果）、その生産を増加させるのに必要な原材料についても、さらに生産の増加が必要になる（第2次間接効果）。

波及がどのようなものかを例示してみよう。森林へのレクリエーションの増加にともなって新たな需要が発生し、目的地の民宿において新たな宿泊が生じると、民宿には宿泊という直接効果が発生する。民宿では農産物や畜産物、海産物などの食材、電気やガスといった熱エネルギーなどの購入が必要となり、また材料の輸送などには運輸業の力も欠かせない。これらは第1次間接効果となり、それにともなう所得増加によって新たな需要が発生し、それがさらなる生産誘発となって第2次間接効果として波及していくことになるのである。

3．影響力係数と感応度係数

逆行列係数表を用いて影響力係数と感応度係数を計算することができる。影響力係数は、逆行列係数の列和をその平均値で除して求められ、ある産業に対する需要が全産業に与える影響の度合いを把握できる。例えば、紙の需要が増えたことで全産業にどのような影響を与えるかである。感応度係数は、逆行列係数の行和をその平均値で除して求められ、全産業の新たな需要により特定の産業が受ける影響の度合いを把握できる。

影響力係数と感応度係数をどう用いるかを、**図6-1**を使って紹介しよう。ここでは、2000年の状況を示す古いデータによるものであることに留意しつつ、日本とオーストリアの林業、木材産業、紙・パルプ産業の影響力係数と感応度係数を比べてみたい。左が日本、右がオーストリアの状況を示している。それぞれ横軸に影響力係数、縦軸に感応度係数をとると、日本のそれぞれの影響力係数について林業と木材産業は1より小さく、これらの産業に新たな需要が発生しても全産業に与える影響は大きくないことがわかる。オーストリアでは、林業がほぼ1、木材産業は1.2～1.3くらいとなっている。オートストリアでは木材産業が他の産業に一定の影響を与えていることがわかる。木材産業のうち集成材や合板では接着剤を使うため、その新たな需要が生じる接着剤産業にも波及することになる。それは、丸太や木材製品、接着剤を輸送する運輸業にも波及していくだろう。日本では、紙・パルプ産業の影響力係数は1を超しており、全産業に与える影響は小さくないことも読みとれる。

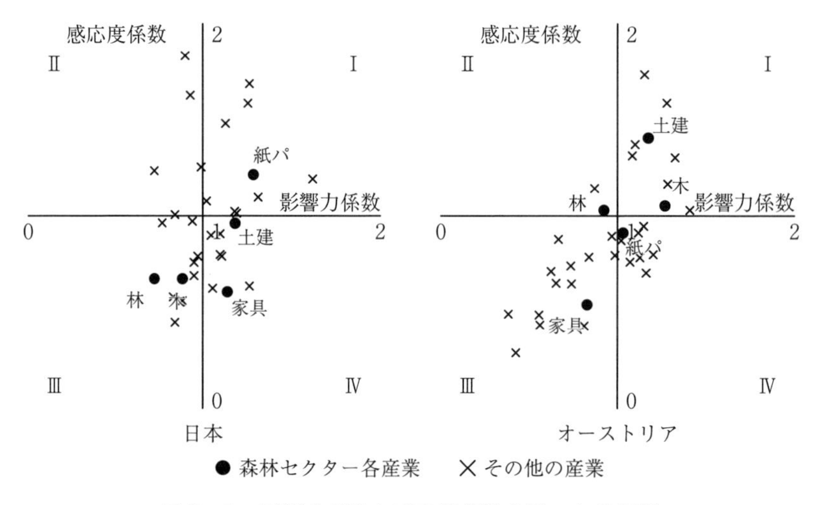

図6－1　影響力係数と感応度係数を用いた分析例

出所：山本（2006）図19-２

感応度係数について、日本では林業と木材産業は１よりも小さく、全産業の新たな需要による影響は小さいことが示されている。それに対して、紙・パルプ産業では１を超している。全産業に新たな需要が発生するとパンフレットやちらし、包装紙、段ボールなどの需要増加につながり、それが紙・パルプ産業に影響を与えると想像がつく。オーストリアでは、３つの産業の感能力係数は１の近傍にあり、全産業に新たな需要が発生してもそれが３つの産業に強く波及するわけではないことがわかる。紙・パルプ産業については、日本よりも位置づけは低くなっていると考えられる。

第３節　森林資源勘定

１．森林資源勘定の考え方

森林資源勘定という、投入・産出の観点でみた森林資源量のとらえ方を取り上げよう。この節では、山本伸幸（1997）と Nobuyuki Yamamoto（2002）を援用して紹介する。

森林資源勘定は図６－２の左側に示すように、森林に関連する資源と環境情

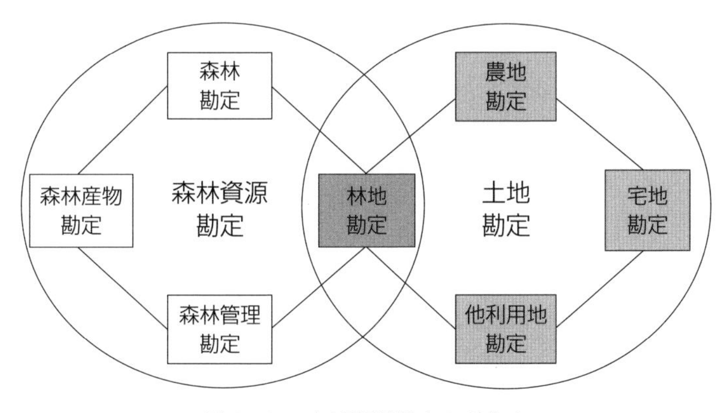

図6－2　森林資源勘定の考え方

出所：山本（1997）図4－1をもとに筆者作成

報を調整するための一貫した勘定体系である。森林勘定、森林産物勘定、森林管理勘定、林地勘定で構成されている。森林勘定は、森林の初期蓄積、期間フローおよび期末蓄積が森林蓄積量（体積）として表される。森林産物勘定は、丸太から廃材に至るまでの森林資源の利用過程を物量単位（重量や体積）で表す。森林管理勘定は森林管理に用いる資金フローであり、貨幣単位となる。林地勘定は土地勘定の一つでもあり、森林を伐採した後に農地に転換されたり工業用地に転換されたりというように利用の変化を示すものである。

図6－2の右側が土地勘定であり、農地勘定、宅地勘定、林地勘定、他利用地勘定で構成されている。筆者はこの土地勘定が非常に重要になっていると考えている。特に森林資源の趨勢をみたときに東南アジアなどでは森林面積は減少しており、林地が他に転用されたり、あるいは他から林地に転用されたりという出入りが生じている。例えば、森林減少が起きているのはどのような土地利用の変化があったかをとらえることができるならば、森林面積減少への対策も講じやすくなるだろう。また、日本では森林資源勘定と土地勘定の関係を整理すると国土計画にも活かせると考えられる。私たちがどのように土地を使うか、森林をどう造成していくのか、どう管理していくのかを考えるうえで、土地全体との関連でとらえることがますます必要になっているといえる。

このような視点をもって日本の第二次世界大戦後を振り返ると、国土総合開発法が1950年に制定され、全国総合開発計画が1962年に策定された。そのあと新全国総合開発計画（1969年）、第三次全国総合開発計画（1977年）、第四次全国総合開発計画（1987年）、21世紀の国土のグランドデザイン（1998年）と国土計画は変遷し、「地域間の均衡ある発展」から「豊かな環境の創造」、「人間居住の総合的環境の整備」、「多極分散型国土の構築」、「多軸型国土構造形成の基礎づくり」を基本目標として進められてきた。さらに、2005年の国土形成計画法の制定以降の、国土形成計画（2008年）と第二次国土形成計画（2015年）においては、「多様な広域ブロックが自律的に発展する国土を構築、美しく、暮らしやすい国土の形成」、「重層的かつ強靭な『コンパクト＋ネットワーク』」が基本目標となっている。近年はエビデンスにもとづく政策立案（EBPM）が推進されようとしており、土地全体のなかで森林をどう配置するのか、その森林のなかでも生産林、保護林、その中間の制限林・多目的利用林をどう立地させることが社会的に望ましいかについても、私たちは科学的根拠をもって検討し、政策にも結び付けていくことがますます重要になっている。

2．土地被覆・土地利用勘定の構造

ここでは、土地被覆と土地利用についてふれておきたい。土地被覆は自然特性からみたものであり、土地利用は人間の利用形態を表現したものである。経済プロセスとして生産プロセスを想定したときに、土地と労働と資本を投入し、農作物や森林産物、水産物、工業製品などの産出を行う（図6－3）。この土地利用については、もともとの土地被覆を踏まえて対象地を取り出し、利用しなくなれば自然特性のままに土地被覆へと戻すことになる。

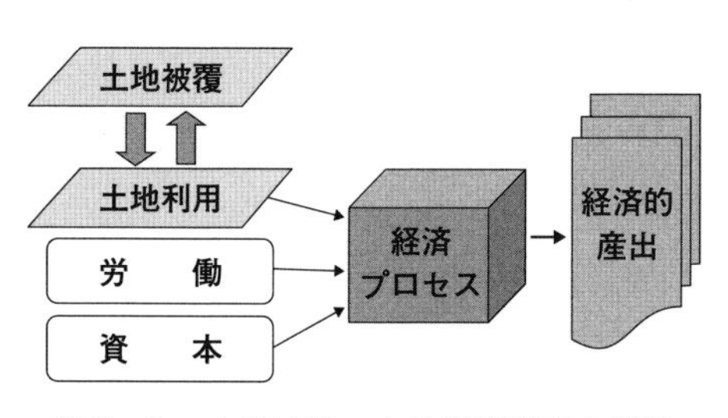

図6－3　土地被覆・土地利用勘定の構造
出所：Yamamoto (2002) Figure 5 をもとに筆者作成

これをマトリクスにしたものが図6－4である。左側のストックからみていこう。ストックとしての土地被覆と土地利用のマトリクスが上側にあり、土地被覆の一部は土地利用として人間が使ってい

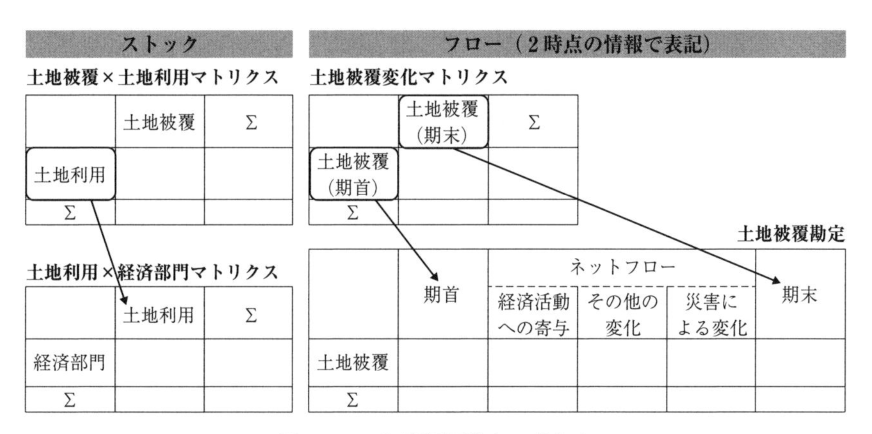

図6-4　森林資源勘定の考え方

注1：各経済セクターに土地資源が割り振られる
注2：より細かな経済部門別に貢献する土地被覆のフロー勘定
出所：山本（1997）図4-5をもとに筆者作成

く。使っていく部分については下側の土地利用×経済部門マトリックスと記載している。土地を農業に使うか、林業に使うか、工業に使うか、宅地に使うかなどがここに記載される。右側のフローは2時点の情報で表記する。ここでは期首と期末については、例えば期首は年次なら1月1日、年度なら4月1日であり、期末は年次なら同年の12月31日、年度では翌年の3月31日となる。

この間にどのような変化があるかを把握するのである。土地被覆として期首に林地面積が100haあり、そのうち林地から農地へ、農地から林地へとどう変化したかを把握することをイメージするとよいだろう。例えば、この100haのうち「その他の変化」として3haに運動場が造成され、大きな台風により0.1haで土砂崩れが生じたと仮定すると、合計3.1haがマイナスとなり、期末には96.9haとして記載されることになる。

第4節　米国における土地利用変化

これまでの整理を踏まえ、一つの例として米国における土地利用変化を紹介してみよう。**表6-3**は、久保山裕史ほか（2003）を援用したものである。前節で取り上げた期首と期末を長期にとらえ、1982年と1997年の土地利用の変化を把握すべく作表されている。

最右列「1982年計」で耕作地は1億6,839万 ha あり、左下段にある「1997年計」では1億5,002万 ha に変化したことが示されている。この15年間における耕作地の変化量は1,837万 ha の減少であったことがわかる。耕作地の一部は CRP 事業地として保全保留事業に用いられたり、草地や住宅・産業用地、森林に転用されたりしている。草地や放牧地についても同じように559万 ha の減少、495万 ha の減少となっている。草地や放牧地では耕作地や森林へ転用された面積が大きくなっている。

森林では、1982年の1億5,929万 ha から1997年の1億5,961万 ha へ32万 ha の増加となっている。この期間に、住宅・産業用地として469万 ha が開発され、草地や水面・連邦有地への変化も100万 ha を超している。他方、草地552万 ha、耕作地の216万 ha、放牧地の115万 ha が森林に転用されている。また、住宅・産業用地はこの間に森林からの転用を含めて1,194万 ha 増加している。

このように土地利用に関するマトリックスを作成することは、これからどのように土地を使っていくか、そのなかで森林をどのような形で造成していくかなどを検討するにあたって、重要な情報や知見を提供する。例えば、インドネ

表6－3　米国の1982年と1997年の土地利用変化

（単位：万 ha）

	1997年の土地利用								
1982年の土地利用	耕作地	CRP 事業地	草地	放牧地	**森林**	他の耕作地	住宅・産業用地	水面・連邦有地	1982年計
耕作地	13,951	1,221	764	140	**216**	131	353	64	16,839
草地	625	52	3,687	104	**552**	76	213	32	5,342
放牧地	276	28	121	15,682	**115**	70	156	172	16,620
森林	**77**	**5**	**157**	**81**	**14,926**	**71**	**469**	**144**	**15,929**
他の耕作地	39	2	41	30	**115**	1,891	30	20	2,168
住宅・産業用地	10	0	3	4	**9**	1	2,993	0	3,021
水面・連邦有地	24	0	9	84	**29**	10	2	17,690	17,846
1997年計	15,002	1,308	4,783	16,125	**15,961**	2,250	4,215	18,122	77,765
1997/1982変化量	-1,837	0	-559	-495	**32**	82	1,194	276	

出所：久保山・勝久（2003）表-1をもとに筆者作成

シアやマレーシアの森林減少について、どのような土地利用の変化が生じているかを土地利用の観点から把握できれば、森林減少への対策を具体的に検討できると期待されるのみならず、社会的に望ましい土地利用のあり方に関して重要な示唆になると考えられる。持続可能社会や脱炭素社会を実現するにあたって、こうした研究を進めることはますます重要になっているといえよう。

【引用・参考文献】

Lebedys, A. and Li, Y. (2014) *Contribution of the Forestry Sector to National Economics, 1990–2011* (*FAO Forest Finance Working Paper FSFM/ACC/09*). Food and Agriculture Organization of United Nations, 156p

Yamamaoto, N. (2002) “The Future View of Forestland Accounts in Japan”, Yoshimasa Kurabayashi, Koichiro Koike, Nobuyuki Yamamoto eds. *The Progress in Environment and Resource Accounting Approach: A Principle to the Global Environmental Issues.* Imai Syuppan

久保山裕史・勝久彦次郎「米国における1990年代の木材需要拡大が林業・林産業に及ぼした影響に関する考察」『林業経済』55(11)、2003年、1-14頁

経済産業省大臣官房調査統計グループ調査分析支援室「産業連関ハンドブック」2022年
https://www.meti.go.jp/statistics/tyo/entyoio/result/handbook/handbook2021ver6.pdf（2023年 8 月31日参照）

樹神昌弘・川畑康治編『開発途上国と産業構造変化』アジア経済研究所、2014年

内閣府経済社会総合研究所国民経済計算部「2008SNA に対応した我が国国民経済計算について（2015年（平成27年）基準版）」
https://www.esri.cao.go.jp/jp/sna/seibi/2008sna/pdf/20230228_2008sna.pdf（2023年 8 月31日参照）

山本伸幸「自然資源勘定における林地の扱い」小池浩一郎・藤崎成昭編著『森林資源勘定—北欧の経験・アジアの試み—』アジア経済研究所、1997年

山本伸幸「森林セクターの国民経済への貢献」森林総合研究所編『森林・林業・木材産業の将来予測』日本林業調査会、2006年

この講の理解を深めるために

(1) 国民経済における林業部門の占める割合はどのような傾向にあるか？
(2) 産業連関分析における経済波及効果を説明しなさい。
(3) 森林資源の“把握の仕方”（勘定）はどのような構成になっているか？

第3部
日本における林業・木材産業の経済学

第7講
木材需給

第1節　木材の需給構造

1．木材自給率

森林資源から産出される木材は、中間財として原料となることが多く、私たちの生活や経済活動にさまざまに利用されている。まず、日本の木材自給率を取り上げよう。

丸太輸入が自由化された1960年以降のデータを用い、日本の木材自給率と輸入木材に占める丸太の割合をとって図7－1を作成した。■の折れ線が木材自給率、△の折れ線が量でみた木材輸入に占める丸太の割合である。木材自給率は、1960年の89.1％から1979年の32.6％へ急速に低下した。この間の推移として、木材自給率は1970年に、産業用の用材自給率は1969年に50％を下回っている。第10講で取り上げるように南洋材や北米材、北洋材の丸太が急増したためである。木材自給率は、1980年代前半に木材需要量の減少にともなってやや持ち直したものの、1985年9月のプラザ合意のあとに円高が進むと、1980年代後半から製材品や合板、木材チップの輸入が増加して、また低下していった。だが、この低下は2002年を底として上昇に転ずることとなった。2002年に木材自給率は18.8％、用材自給率は18.2％まで低まったが、2020年に木材自給率が41.8％、用材自給率は35.8％に高まった。供給側の主たる要因として、第4講で解説した京都議定書の批准、発効にともなう森林整備の推進と間伐材生産の増加、林業構造改善事業による継続的な林内の路網整備や高性能林業機械の導入などが挙げられる。また、需要側の要因としては第9講で取り上げる木材産

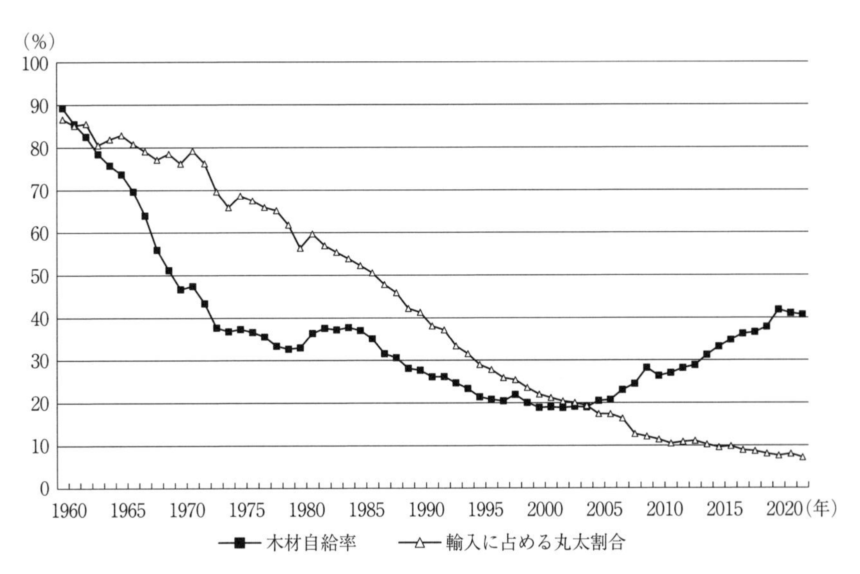

図７－１　木材自給率と木材輸入

出所：林野庁「木材需給表」、財務省「貿易統計」をもとに筆者作成

業の規模拡大にともなう用材需要の増加や第11講で取り上げる建築における木材利用の促進を指摘できる。

輸入木材に占める丸太の割合は1960年代はじめに85％～86％あったが、1973年に70％、1980年に60％、1987年に50％、1991年に40％、1995年に30％、2004年に20％を下回り、若干の昇降を挟みながらも傾向として低下が続いた。2015年以降には１割を下回るようになっており、2019年以降には８％を上下して推移している。つまり、日本の木材産業はいかに国産材を原料として活用するかが重要になっている。このように輸入木材については製材品や集成材、合板などの木材製品が大部分となっており、国内製造された木材製品と輸入された木材製品とが比較されたうえで需要者から選好されることになる。

２．社会・経済動向からみた推移

1955年～2022年の用途別木材需要量を図７－２にまとめた。その内訳は、製材用材、パルプ・チップ用材、合板用材、その他用材である。外国から輸入さ

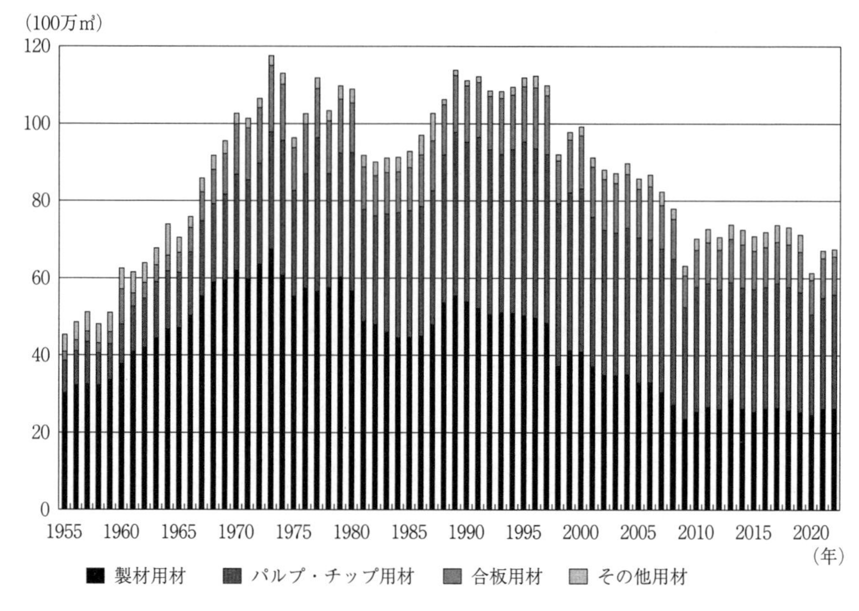

図7－2　用途別木材需要量

出所：林野庁「令和5年木材需給表」をもとに筆者作成

れる木材製品についても、その量を森林から伐り出される丸太の量に換算した値が用いられる。製材用材については、鋸を入れて円柱形から角柱形にする工程を製材といい、加工されると戸建て住宅の柱や梁、土台、床などに用いられる製材品となる。パルプ・チップ用材は印刷用紙や包装紙、ティッシュペーパーなどの紙製品の原料となる木材チップやパルプに加工する丸太を指す。合板用材は合板の原料となる単板となる丸太である。単板は、かつら剥きのように丸太に刃を当ててくるくる回して薄い板に変形し、それを一定の寸法で切断したものである。繊維方向を直角にして単板を貼りあわせたものを合板、繊維方向を同じにして貼りあわせたものを単板積層材（LVL）という。その他用材には鉄道の軌道となる枕木や電柱、杭丸太、足場丸太などが含まれる。

1955年は高度経済成長が始まる時期であり、1955年～1973年には経済成長とともに木材需要量が右肩上がりで、かつ速いスピードで増加したことがわかる。1973年に総木材需要量（用材＋燃料材（薪炭材））は1億2,102万㎥に達した。

だが、第四次中東戦争を契機とする国際原油価格高騰により1973年10月～1974年8月の第一次オイルショックが発生し、社会・経済が混乱を来たして高度経済成長は終わりをつげた。1970年代半ばから1980年代前半にかけては経済成長率が低下して、安定成長期ともいえる時期となった。1970年代後半に総木材需要量が持ち直して1976年～1980年に年間1億m³を大きく上回ったものの、OPEC（石油輸出国機構）の原油価格大幅値上げやイラン・イラク戦争などの影響により1978年10月～1982年4月に原油価格が高騰して第二次オイルショックが発生し、木材需要量は1980年代前半に大きく減少して年間9,500万m³を下回る水準が続いた。原油価格の高騰は製造業の費用や輸送費用などを高め、木材の需要を減らす方向に影響した。なお、米国のニクソン大統領が1971年8月15日に発表した「ニクソンショック（金とドルとの固定比率での交換停止）」でブレトンウッズ体制が崩壊し、これをきっかけに日本でも1973年2月に為替相場が固定相場制から変動相場制へ移行し、財の輸出入に大きく影響することとなり、それは第10講で取り上げる木材輸入にも波及した。

1985年9月に先進5ヵ国蔵相・中央銀行総裁会議によってドル高是正に向けた政策協調が合意され（プラザ合意）、急速に円高ドル安が進んでいった。この円高を契機に1986年12月～1991年2月の平成景気（バブル景気）となり、1980年代後半に新設住宅着工戸数が増加基調を示し、1987年～1990年には年間約160～170万戸に達したことから木材需給量が増加した。総木材需要量は1987年から年間1億m³超となり、1989年～1997年には年間1億1千万m³超の水準を回復した。1989年4月1日に初めて消費税（3％）が導入されたが、木材需要への影響は大きくなかった。

その後の総木材需要量はおおむね1998年から年間9千万m³台にとどまり、2002年からは年間8千万m³台となった。1995年1月17日に発生した阪神淡路大震災や、それを契機とする2000年の建築基準法の性能規定化、1997年4月1日からの消費税引き上げ（5％）、1997年7月から1998年にかけてのアジア通貨危機にともなう経済の減速などにより木材需要は減少傾向をたどることとなった。2002年2月から2008年2月までの73ヵ月間を景気拡大期としていざなみ景気というが、この間に総木材需要量の増大はみられなかった。さらに2008年9

月に米国で発生したリーマン・ショックにともなう世界的な経済危機が波及して木材需要は８千万㎥を下回り、2009年には6,480万㎥まで減少した。

総木材需要量は2010年代に入って年間７千万㎥台を回復し、2013年から年間7,500万㎥を超し、2017年～2019年には年間８千万㎥台となって緩やかに増加した。2020年に新型コロナウイルス感染症（COVID-19）のまん延によって一時的に木材需要量は減少するものの、2021年には８千万㎥台となった。この過程では、2010年の「公共建築物等における木材の利用の促進に関する法律」で公共部門の木材利用が促され、2021年の「公共建築物等における木材の利用の促進に関する法律の一部を改正する法律」では建築物一般に拡大となった。この過程では、文教施設や商業施設などで木質化や木造化が進展しており、そうした新たな需要要因が木材需要量の増加基調に寄与していると考えられる。

これを林政史と関連づけると、木材需要量が急速に増加する時期にあった1964年に「国民経済の成長発展と社会生活の進歩向上に即応して、林業の発展と林業従事者の地位の向上を図り、あわせて森林資源の確保及び国土の保全のため」に林業基本法が制定された。それとともに始まった林業構造改善事業は、林業を振興しつつ木材供給を増加させるべく展開していった。また1998年から木材需要量が減少傾向をたどるようになるなかで、2001年には林業基本法を改正して「森林及び林業に関する施策を総合的かつ計画的に推進し、もつて国民生活の安定向上及び国民経済の健全な発展を図ることを目的」とする森林・林業基本法が制定された。これは、第５講の**図５－２**に示した国民の森林に対する期待において公益的機能が重視される傾向を反映したものとも考えられる。木材需要量が減少する時期に、森林の有する公益的機能も生産機能とともに念頭におき、森林の多面的利用を図る内容であったといえよう。また、森林・林業基本法では第８条や第11条、第24条に「木材産業等」が掲げられ、林野庁の施策対象として木材産業等の発展が明示されることになった。

３．用途別にみた推移

図７－２を参照しながら用途別の推移をみていこう。製材用材は、高度経済成長期に木材需要の大半を占めていた。この時期に太平洋ベルトを主とする第

二次産業の発展があり、その従業員の住まう新設住宅着工戸数が増えたことから、その部材として木材需要が急速に増加した。だが、製材用材の需要量は1970年代の2度のオイルショックを経て1980年代前半に減少するようになり、バブル景気によって1980年代後半に増加をみたものの、1990年代以降には2010年代まで減少傾向が続いた。この過程では、第11講でみるように、木造を主とする戸建て住宅に代わって集合住宅が増え、鉄筋コンクリート造（RC造）や鉄骨鉄筋コンクリート造（SRC造）、鉄骨造（S造）が増加する中で製材用材の需要は減少することとなった。

パルプ・チップ用材の需要量は、1950年代後半から1990年代前半まで傾向的に増加し、2000年代前半、2000年代後半～2010年代、2020年代はじめという具合に、階段を下るように減少傾向が続いている。おおむね2000年代はじめまでは経済成長とともに紙の消費量が増え、パルプ・チップ用材の需要量が増加したが、パーソナルコンピュータやスマートフォン、iPadなどの普及にともなって需要構造が変化した。特に、リーマン・ショックを契機にコスト削減の取り組みが強化され、こうした電子機器の普及が加速して、情報収集の手段が新聞や雑誌などにとって代わるようになったのである。このような変化により、紙の消費量が頭打ちになり、減少傾向が生じてきている。筆者が学生の頃には新聞を購読して社会・経済・政治の動きを把握したり、旅行雑誌を購入して旅行プランを練ったりするのが一般的だったが、現在の大学生はインターネットを通じてニュースや旅行先の情報などを得ている。他方、宅配を使って物品を購入することが増えていることから、古紙を利用する段ボールの需要はますます増えているという変化も生じている。

合板用材の需要は、1950年代後半から1973年までの高度経済成長期に大きく増加して1,715万㎥に達したが、その後は2000年代半ばまで経済状況を反映させながら年間おおむね1,000万㎥～1,500万㎥で推移してきた。そして、2008年以降には1,000万㎥を上下する水準が続いている。ここで、合板用材としてどこの木材が使われているかの内訳を取り上げよう（**表7-1**）。合板用材として、森林減少の続く東南アジアなどの木材が使われているのではないかという質問を受けることが多いからである。1990年に合板用の輸入材合計は948.5万㎥で

表7－1　単板用素材需給量の推移

（単位：千㎥）

	1990	1995	2000	2005	2010	2015	2020
輸入材合計	9,485	7,093	5,263	3,773	1,321	864	431
南洋材	9,129	5,502	2,597	1,108	424	193	69
米材	63	102	29	13	412	544	284
北洋材	181	928	1,893	2,506	431	100	60
ニュージーランド材	103	388	603	124	44	20	18
その他	9	173	141	22	10	5	0
国産材合計	354	369	546	863	2,490	3,356	4,195
あかまつ・くろまつ			60	74	107	237	190
すぎ	0	1	266	542	1,538	2,087	2,502
ひのき			0	0	55	188	448
からまつ	3	40	171	210	649	687	823
その他の針葉樹	14	144	17	7	127	141	220
広葉樹	337	184	32	30	14	16	12
合計	9,839	7,462	5,809	4,636	3,811	4,218	4,626
国産材のシェア	4	5	9	19	65	80	91

出所：農林水産省「木材需給報告書」をもとに筆者作成

あったが、2000年に526.3万㎥、2010年に132.1万㎥、そして2020年には43.1万㎥に過ぎなくなった。つまり30年間に20分の１を下回るまで減少している。その主たる木材は東南アジアなどからの南洋材であったが、森林資源量の減少や国内木材産業の振興策などによって急激に減少し10万㎥に満たなくなった。1990年代から2000年代前半に北洋材やニュージーランド材も一定量あったが、それも中国の木材輸入増などが相まって2000年代に減少した。それらに代わって割合として多くなったのは米国やカナダからの北米材となっている。

合板用材については、他方で国産材が増加し、2020年には91％を占めるまでになっている。1990年に35.4万㎥から2000年の54.6万㎥、2010年の249万㎥、そして2020年の419.5万㎥へと増加してきた。国産材のなかでもスギの占める割合が大きく、カラマツやヒノキも使われるようになっている。国産針葉樹材は、熱帯広葉樹材に比べて強度が落ちることから、その分を厚くして使うという厚物構造用合板の研究開発が1990年代に進み、それが実用化されると、原料となるスギやカラマツなどの国産材需要が増加したのである。第4講で取り上げた地球温暖化対策により森林整備が進み、そこから生産される間伐材が増加し、合板用材としても供給されている。国際的な政治・経済の動向により原油価格や木材輸送船の運賃が昇降し、為替レートも短期間で変化することから、そうしたリスクを回避するためにも国産材を原料としようとする方向性がまず合板生産において生じたのである。

4．人口との関係

日本の人口は第二次世界大戦後に増加してきたが、2010年代に入って減少に転じている。木材需要量が1人あたりでどうなっているのかをみてみよう（図7-3）。△の折れ線が総木材需給量、□の折れ線が1人あたり木材需給量、◆の折れ線が人口である。

1人あたり木材需給量は、1955年の0.72㎥から1973年の1.1㎥超まで増加し

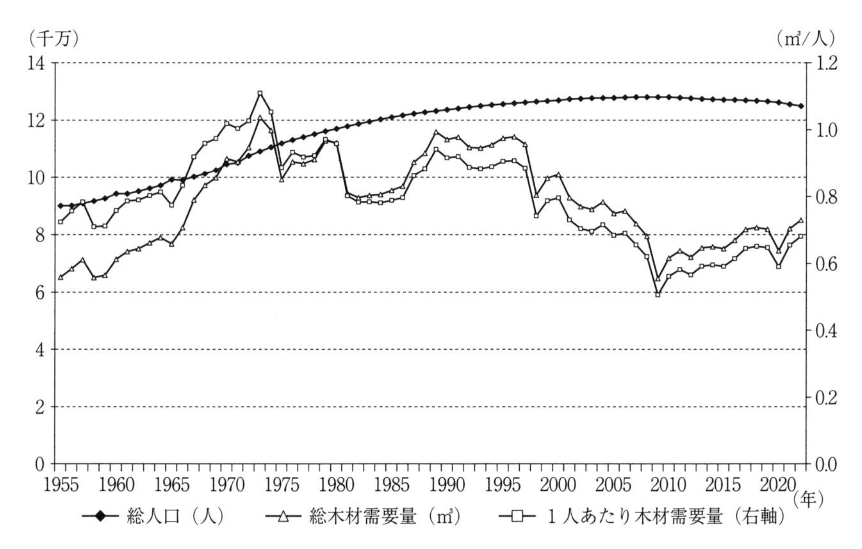

図7-3　木材需要量と人口との関係

出所：林野庁「木材需給表」、総務省統計局「人口推計」をもとに筆者作成

たが、その後は徐々に減少して1990年に0.92㎥、2000年に0.80㎥、2010年に0.56㎥、2020年に0.59㎥となった。筆者が学生の頃には授業で「日本人は１年間に１人あたりおおよそ１㎥の木材を消費していると考えて差し支えない」と習ったが、当時の状況としてはたしかにそうだったわけである。欧州委員会の公表する統計書では、EU における丸太換算の１人あたり木材消費量は2015年に1.1㎥であり、フィンランドでは３㎥超、オーストリアとスウェーデンでは２㎥超と多く、ドイツやフランスでも1.4㎥～1.6㎥となっている。それに対して、日本は木材をあまり使わない社会を創ったといえる。

１人あたり木材需要量を、製材用材、パルプ・チップ用材、合板用材、その他用材に分けてみよう。**図７-４**に示す製材用材は、もっとも多かった1973年に0.62㎥であったが、近年は0.20㎥の水準で推移しており、50年前の３分の１に過ぎない量となった。パルプ・チップ用材は1970年代まで顕著に増加し、

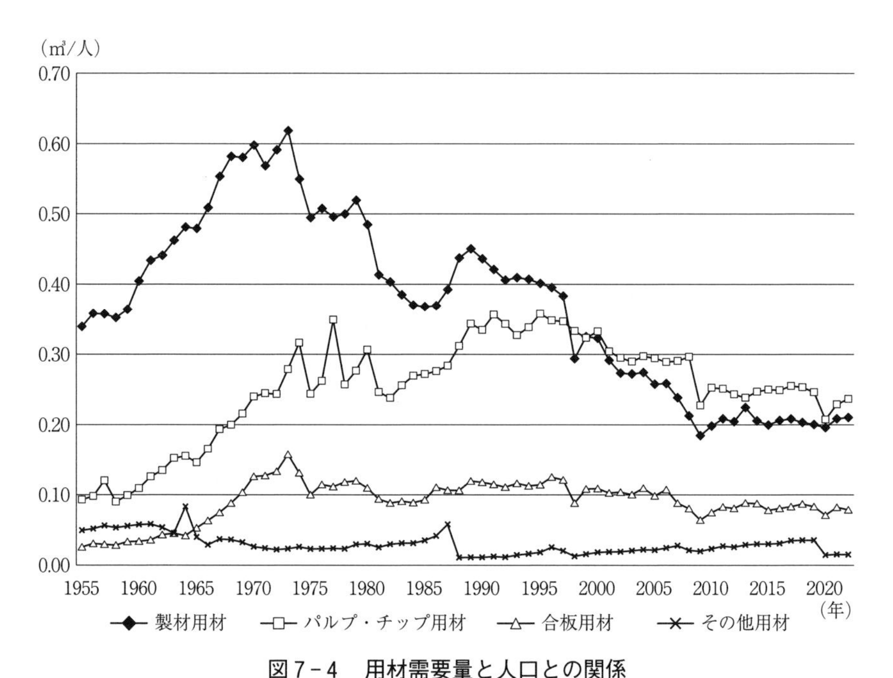

図７-４　用材需要量と人口との関係

出所：林野庁「木材需給表」、総務省統計局「人口推計」をもとに筆者作成

1980年代終わりから1990年代にかけて0.3㎥超であったが、2009年～2019年に0.25㎥水準となり、2020年代になってさらに減少した。合板用材は、第一次オイルショックまで増加傾向をたどって0.16㎥となったが、それ以降はおおむね0.11㎥水準、2008年以降には0.08㎥程度となっている。このように用材別にみてみると製材用材の需要が著しく減少しており、特に製材品の需要を喚起して製材用材の需要を増やしていくことが、日本林業を振興するにあたっては重要になっていると考えられる。欧米の木材需要においては、製材用材の占める割合が高くなっている。

5．木材価格

木材の需要と供給の関係で決まる木材価格はどうなっているのであろうか。日本の代表的木材としてスギを取り上げ、1960年～2022年の立木、丸太、製材品の価格をとって**図7－5**を作成した。長期データであるために日本銀行「国

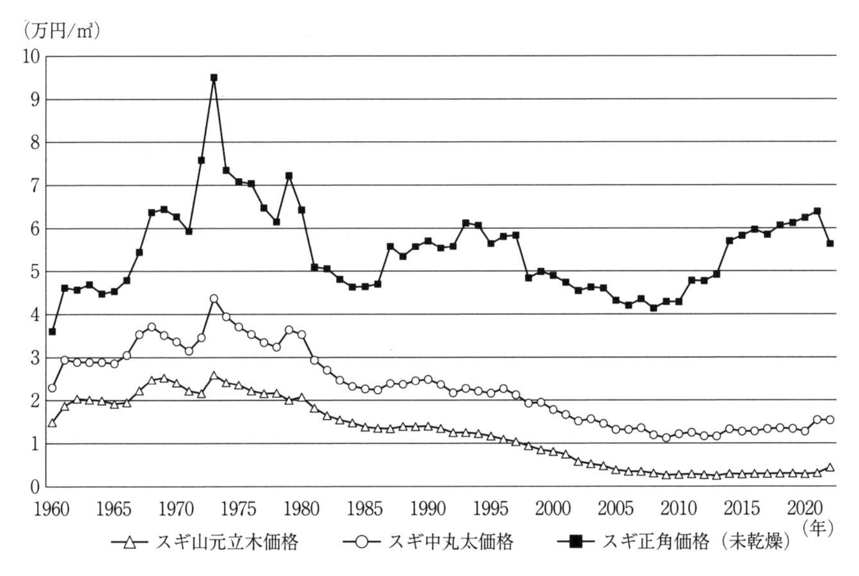

図7－5　2020年基準木材価格の推移：スギの例

注：日本銀行「国内企業物価指数（総平均）」で実質化
出所：農林水産省「木材価格」、日本不動産研究所「山林素地及び山元立木価格調」をもとに筆者作成

内企業物価指数（総平均）」で実質化した2020年基準の価格であり、スギ山元立木価格、スギ中丸太価格（径14cm～22cm、長3.65m～4.0m）、スギ正角価格（厚10.5cm、幅10.5cm、長3.0m）をとった。中山間地域などにあるスギの立木が丸太として伐り出され、それを製材工場が調達して柱材や梁材などの製材品に加工する。概念的にいうと、立木価格は製材工場着の丸太価格から伐採、搬出、輸送などの経費を差し引いたものといえ、その経費が中丸太価格と立木価格の折れ線の幅と考えてよい。これらの価格差をみると、大きな変化はなく推移してきているといえる。

立木価格と丸太価格は1973年まで多少の昇降をともないながら上昇した。だが、この後には少し上昇した年もあるが、傾向的には2000年代まで低下が続き、2010年代に1㎥あたり立木価格がおおむね2,700円～3,000円、中丸太価格がおおむね12,000円～13,000円となっている。2020年代以降にこれらの価格に上昇がみられるが、それはCOVID-19の影響でウッドショックといわれる世界的な製材品価格の上昇があり、それが反映された結果であり、継続するものかどうかは定かでない。正角価格は、立木や丸太と同様に1973年に95,000円を超して最高となり、その後に1980年代半ばにかけて傾向的に低下したが、1980年代後半から1990年代半ばまでは木材需要量が多くなったことから比較的高い水準にあった。その後、2020年代にかけて低下傾向を示して41,000円超に留まったが、2010年代から上昇基調となり、2018年～2021年には6万円を超す水準になった。

図7-5からスギ山元立木価格とスギ中丸太価格、スギ立木価格とスギ正角価格の差が1990年代以降に顕著に開いてきていることがわかる。立木価格を丸太価格で割った値は1960年の0.65から1990年の0.56、2020年の0.23と3分の1近くに小さくなり、立木価格を正角価格で割った値は同順に0.41から0.24、0.05と8分の1以下となっている。丸太から製材品に変形されるうえで鋸を入れる頻度が増えれば「歩留まり」が低下すると考えられ、それゆえに丸太価格や立木価格を抑えようという力が生じる可能性もあるだろう。これらの価格の関係性は、森林所有者の林業経営意欲を低下させることにもつながると考えられ、いかに改善させられるかが喫緊の課題となっている。育林から木材加工ま

での効率をいかに高めていくか、それによって立木価格をどこまで高められるかを産・官・学が連携して考えていかなければならないのである。

第2節　木材需給の分析

1．市場を介した企業と家計のやりとり

本節では、このような木材需給をどのように分析することができるかを検討する。現代社会には3つの主要な市場があり、生産物市場、労働市場、資本市場と区分できる（図7-6）。これらの「市場」は、家計と企業との交換によって成立する。生産物市場において、家計は財やサービスを企業から購入し、企業は労働力を含むさまざまな投入物を用いて財やサービスを生産・販売して収入を得る。私たちは家計から労働力を販売して所得を得ており、企業は労働者を雇用して生産・販売を行う。つまり、企業は財やサービスを供給して家計はそれらを需要する一方で、家計は労働力を供給して企業はそれを需要している。また、家計は資本市場を通じて投資をしたり、資金の借り入れを行ったりしており、家計からの投資は企業の資本財への投資として活用され、新たな製品開発や技術開発などへつながっている。このように、企業と家計は3つの市場を介してつながり、経済活動が形成されている。

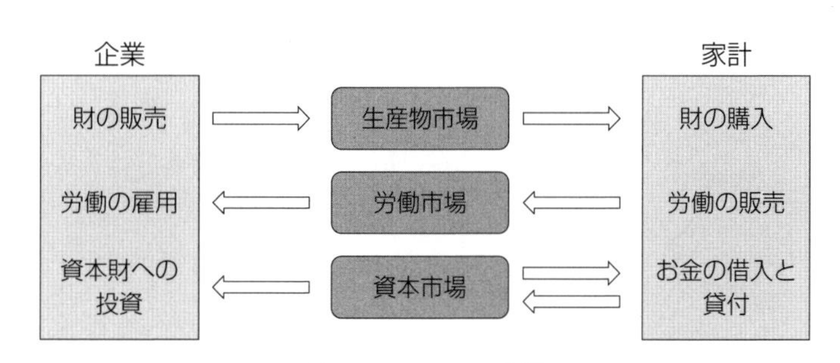

図7-6　3つの市場
出所：スティグリッツ・ウォッシュ著（2006）図1-1をもとに筆者作成

2．需要曲線

需要とは、与えられた価格（所与の価格）のもとで家計や企業などの個々の経済主体が財やサービスを購入することであり、その量を需要量という。需要量は直面する予算制約のもとで選択された量でもある。予算制約とは、財布にいくらお金があるのか、あるいは家に帰ったらいくらお金があるのかと考えればよい。つまり、予算制約や嗜好が変化するときに需要も変化することになる。例えば、アルバイト収入が入ったり保護者から仕送りやお小遣いを受け取ったりすると財布のお金が増えることになり、「友だちと焼肉を食べに行こう」といった行動をとるだろう。

需要曲線は、さまざまな価格における財の需要量を示しており、価格が上がると量は減り、価格が下がると量は増えると考えられる。横軸に数量を、縦軸に価格をとると、右下がりの線を描ける。この個人の需要曲線を水平に足しあわせることで導かれるのが市場需要曲線である。例えば、Aさん、Bさん、Cさん、Dさんがそれぞれに需要曲線をもち、ある財に100円の単価が付いているときにAさんが5個、Bさんが10個、Cさんが7個、Dさんが3個を需要するならば、市場需要曲線においては100円で25個の需要という関係が成立する。

右下がりの需要曲線は左右にシフトすることが生じる。このことを考えよう。横軸にQ（数量）、縦軸にP（価格）をとった**図7-7**において、ある財の当初の需要曲線はD_0である。その価格が上昇するときに、価格以外の他の条件が一定ならばその財の需要は減少するという関係を示している。このときに所得が増える場合を想定すると、需要曲線はD_0からD_1へ右方にシフトと考えられる。つまり、所得の増加により、人々は財やサービスを多く購入しようと行動すると考えられる。

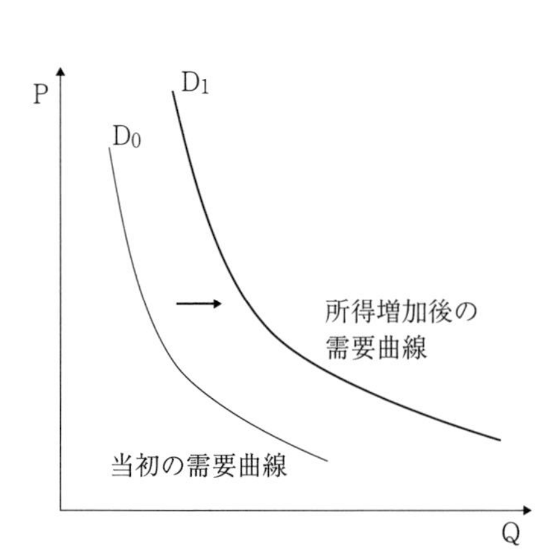

図7-7　需要曲線とそのシフト

出所：筆者作成

また、ある財と密接に関係した他の

財の価格変化も需要曲線をシフトさせ得る。多少の嗜好の差異はあろうが、コーヒーも紅茶も飲む人が多いだろう。一例としてコーヒーを取り上げると、スーパーで買い物をする際や喫茶店で飲み物を注文する際に、コーヒーと紅茶のどちらの値段が高いか低いかをもって判断することがある。これは代替関係があるからであり、紅茶はコーヒーの代替財と位置づけられる。また、コーヒーを飲む際にミルクや砂糖を入れる人も少なくないだろう。コーヒーの消費が増えるとそれにともなって砂糖やミルクの消費も増えることになる。このような関係をもつものを補完財という。砂糖やミルクの値段が上がると、それらの需要量が減ることになり、それはコーヒーの需要にも波及するだろう。これらもコーヒーの需要曲線のシフトとして表れる。生活スタイルや嗜好などの変化によって、あるいは人口構成の変化によっても需要曲線はシフトすると考えられる。例えば、人口構造として若年層が多いか中年層が多いか高年層が多いかによっても変わってくるだろう。若者が多ければ、食べる量が多くなったり肉類の需要量が増えたりするだろうし、高年層が多ければ食べる量は少なめとなり魚介類の需要が相対的に多くなったりするだろう。

市場需要曲線のシフト要因を整理しておこう。すでに示したように、所得変化、代替財の価格変化、補完財の価格変化、人口構成の変化、嗜好の変化がその主要な要因として挙げられ、そのほかにその財に関する情報の変化、資金入手などの信用のアベイラビリティの変化、そして天気予報や経済成長、為替レートなどのような予想の変化も影響すると考えられる。情報の変化とは、私たちはもつ情報や得られる情報によって、どういった行動をとるかを判断している。例えば天気予報で「今年の夏は暑くなる」という情報が入ると、扇風機やエアコンを購入しようとする人が増えるだろう。さらに、夏が近づけば購入者が増えるだろうと予測すれば、少しでも早くに購入手続きをしようと行動するだろう。信用のアベイラビリティは、資金が入手しやすい状況にあるかによっても需要行動が変わることを示している。

3．供給曲線

家計や企業がある特定の価格で販売したいと考える財やサービスの量を供給

量という。ある財の価格が上昇すると、それを生産する企業は供給量を増加させようとすることが想定される。さまざまな要因によって供給量は変化するが、もっとも重要な要因は価格である。供給曲線はさまざまな価格における財の供給量を示しており、横軸に数量、縦軸に価格をとると、価格が上がると量は増え、価格が下がると量は減るという関係から、右上がりに描ける。需要曲線のときと同様に、個々の企業の供給曲線を水平方向に足し合わせることによって導かれるのが市場供給曲線である。

供給曲線のシフトを考えてみよう。ある財の価格が上昇すれば供給量が増えるので**図7-8**のS_0のように供給曲線を描ける。ある財の価格が上昇すると、市場の全企業が生産を増やすと同時に新たな企業が市場に参入し、生産をはじめることが考えられる。例えば、ペットボトル飲料水の価格が100円から110円になると、さらに10円分のコストをかけても供給できることになることから、取水域を拡げることも考えられ、市場参入済みの企業が取水地を新たにつくるだけではなく、新たな企業の参入が生じる可能性が出てくる。また、技術開発によって新たに高性能な機材が生産要素として導入されると、生産量が大きく伸びることが考えられる。こうした新たな市場参入や技術開発によって、供給曲線はS_0からS_1へシフトするのである。このことは、投入物の価格が変化することでも生じ得る。例えば、多くの生産活動に投入される石油の価格が上がったとすると、その投入量を減らそうと生産活動を減らすことになるだろう。逆に石油価格が下がると、その投入を増やして生産量を増やし、供給量を増加させようとするだろう。このような形で、石油などの投入物の価格が変化することによって供給曲線はシフトすることになる。また、近年に深刻化が増している地球温暖化のような自然環境の変化も、生産活動に影響を与える。地球温暖化にともなって農作物の作付適地が変化し

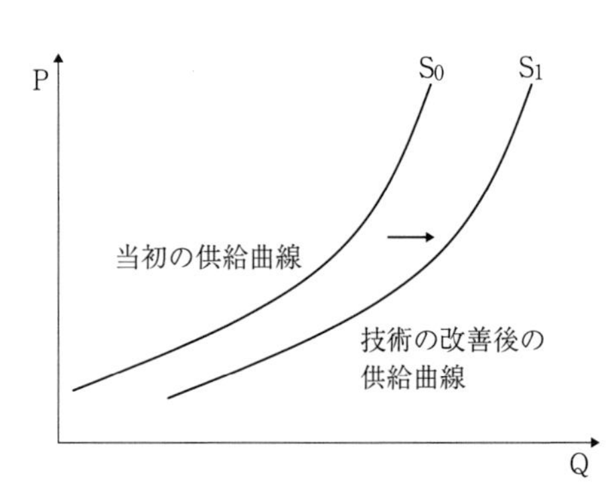

図7-8　供給曲線とそのシフト
出所：筆者作成

たり、収量が変わったりというニュースがそれを象徴している。

市場供給曲線のシフト要因を整理すると、石油のような投入要素価格の変化、高性能機械開発のような技術の変化、地球温暖化のような自然環境の変化が挙げられる。信用のアベイラビリティの変化についても、企業経営者が銀行に資金を借りにいくことがあるが、一定の資金を借りて新たな技術を導入するとか設備を拡充するとかが行えれば、供給を増やせることになる。予想の変化についても、家電メーカーは「今年は気温が上がりそうだからエアコンや扇風機の需要が増えるな、それならば生産を増やそう」と考えて生産を増強するだろう。

4．需要と供給の法則

競争市場では需要と供給の２つの力によって価格が決定される。市場需要曲線と市場供給曲線がもはや変化を引き起こす力が働かない状態のことを均衡という。これは誰ひとりとして価格と数量を変えようというインセンティブをもたないという状態である。市場需要曲線と市場供給曲線、需要と供給が一致する交点の均衡取引数量（需給均衡量）と均衡価格（市場の需給均衡価格）を図７－９に示した。

市場価格と均衡価格の関係を考えてみよう。市場全体での供給量が需要量を上回って市場価格が高いと、供給量が超過または過剰になり、商品が売れ残る

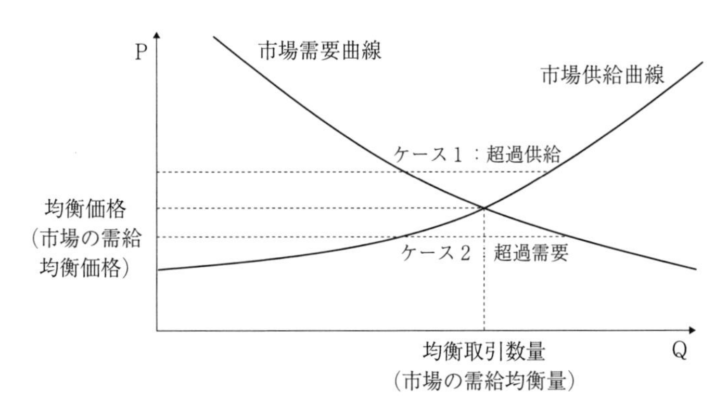

図７－９　需要と供給の法則

出所：筆者作成

ことになる（ケース１）。それは企業にとって望むことではないので、企業はその価格を下げて販売量を増やそうとする。すべての供給量が需要されるまで値下げが続くことになる。価格を下げて買う人をみつけて売り尽くすことを行うわけである。その価格が均衡価格となり、すべてが売り切れた状態が需給均衡量となる。他方、市場価格が均衡価格より低い状況で超過需要が生じる（ケース２）と、市場は価格を均衡水準まで上昇させるよう調整される。買いたいという人が多いと「僕はあと10円多く払おう」、「それならば私はあと100円多く払いましょう」といって、多く支払ってその財を手にしようとする。それによって市場価格は高まることになり、結果的に市場価格と均衡価格が一致する状況になる。競争的市場の経済では、取引価格が需要と供給を一致させる均衡価格に調整される。このような経過を経て需要と供給が決定されるのである。

５．価格弾力性

ここで需要曲線や供給曲線の傾きを意味することになる価格の弾力性（弾性値）を取り上げよう。需要の価格弾力性は生産物価格の１％の変化が引き起こす需要量の百分比変化率をいい、以下の式で示される。e_p が価格弾力性（価格弾性値）であり、分母に $(P_2-P_1)/P_1$、つまり生産物価格がどれだけ変化したかをとり、分子には $(Q_2-Q_1)/Q_1$ という需要量がどれだけ変化したかをとって表す。この式は差の項に Δ を付けて表すこともある。つまり、消費される財に対する一定期間内の相対価格の大きさによって変わる、あるいは消費スタイルを調整・変更するときには必要な時間の長さがあるということにもなる。

$$e_p = \frac{\dfrac{Q_2-Q_1}{Q_1}}{\dfrac{P_2-P_1}{P_1}}$$

供給の価格弾力性（価格弾性値）は、生産物価格の１％の変化が引き起こす供給量の百分比変化率をいう。供給については、短期供給曲線と長期供給曲線とで分けて考えてみる。短期供給曲線とは、現在すでにある機械や工場を所与とした場合の供給量の変化を表し、長期供給曲線は今ある機械あるいは工場を

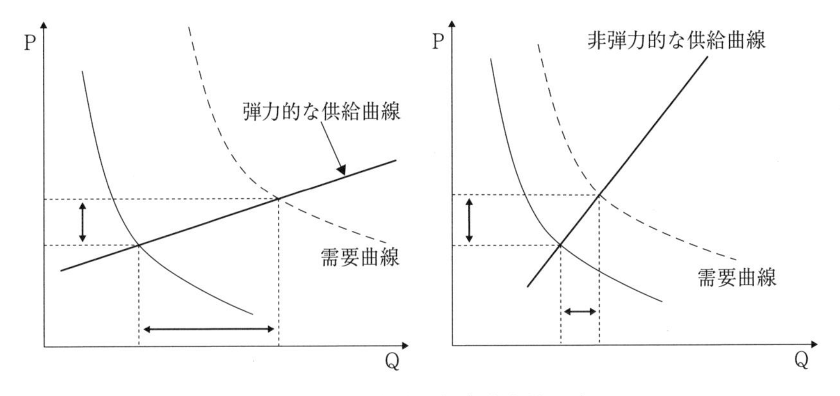

図7-10　供給曲線の価格弾力性の違い

出所：筆者作成

拡充する場合である。企業はさまざまな状況をみながら機械を増やしたり、工場の設備を増強したりすることを行う。そのため、短期よりも長期の方が弾力性は大きくなると考えられる。企業は、工場の設備を増強することで生産量を増やせるし、価格が変わったときに供給量もより多くすることができるだろう。

供給曲線の弾力性による違いを**図7-10**で紹介しよう。需要曲線と供給曲線、そして需要曲線がシフトすることも考慮している。まず左側の図では非常に弾力的な供給曲線が描かれており、縦の矢印のように価格が少し動いただけでも横の矢印に示されるように数量がかなり変わる。供給曲線の価格弾力性が大きければ、価格の少しの変化や需要のシフトで数量が大きく変化するわけである。右側の図のように供給曲線が立っていて比較的非弾力的な場合には、左側の図と同じ価格変化に対して横の矢印で示されるように数量の変化は小さくなっている。供給曲線の価格弾力性が小さければ、価格が大きく変化しても需給均衡量の変化はわずかとなる。価格弾力性に私たちが注目するのは、価格の変化が同じであってもこの数量がかなり変わることを考えているためである。

【引用・参考文献】

スティグリッツ，J. E.・ウォッシュ，C. E. 著、藪下史郎ほか訳『スティグリッツ ミクロ経済学（第3版）』東洋経済新報社、2006年

日本経済新聞社編『ゼミナール日本経済入門』日本経済新聞社、1998年
クルーグマン，P.・ウェルス，L. 著、大山道広ほか訳『クルーグマン　ミクロ経済学』東洋経済新報社、2007年
林野庁『森林・林業白書』各年版

この講の理解を深めるために

(1) 第二次世界大戦後における日本の用途別木材需給の変化の特徴を、時代背景とともに説明しなさい。
(2) ミクロ経済学的に考えて、日本において木材需要を拡大させるために何が必要と考えられるかを述べなさい。
(3) ミクロ経済学的に考えて、日本において木材供給を増大させるために何が必要と考えられるかを述べなさい。

第8講 森林資源と林業経営

第1節　日本の森林資源

1．森林面積

日本の四季に応じて春夏秋冬で変化する森林は、どれだけの資源量で、誰が所有し、どのように管理されているのだろうか。そして、日本の林業はどのような状態なのであろうか。まず、森林面積を取り上げよう。林野庁は全国森林計画策定の基礎資料を得る目的で「森林資源現況調査」を一定期間で行っている。ここでは、その結果にもとづいて説明する。図8－1は、1966年から2022年までの森林資源の現況をおおむね5年間隔で示したものである。黒色が人工林、灰色が天然林、白色がその他である。なお、ここでの森林は森林法第2条第1項に規定されている森林であり、無立木地は立木および竹の樹冠の占有面積歩合（樹幹投影面積）の合計が0.3未満の林分とされている。

所有形態別に森林面積をみると、2022年に国有林が766万 ha（全森林面積の31%）、民有林が1,737万 ha（同69%）であり、民有林のうち公有林が301万 ha（同12%）、私有林が1,436万 ha（同57%）という構成である。国有林の内訳は天然林が476万 ha、人工林が225万 ha、その他が65万 ha となっており、天然林が多い。民有林では天然林が880万 ha、人工林が785万 ha、その他が73万 ha であり、人工林が比較的多くなっている。そのなかでも私有林では人工林が651万 ha と相対的にみて割合が高い。

つぎに、この間の変化をみていこう。森林面積は約2,500万 ha で安定しているが、そのなかで人工林が1966年から1986年まで増加し、天然林が減少して

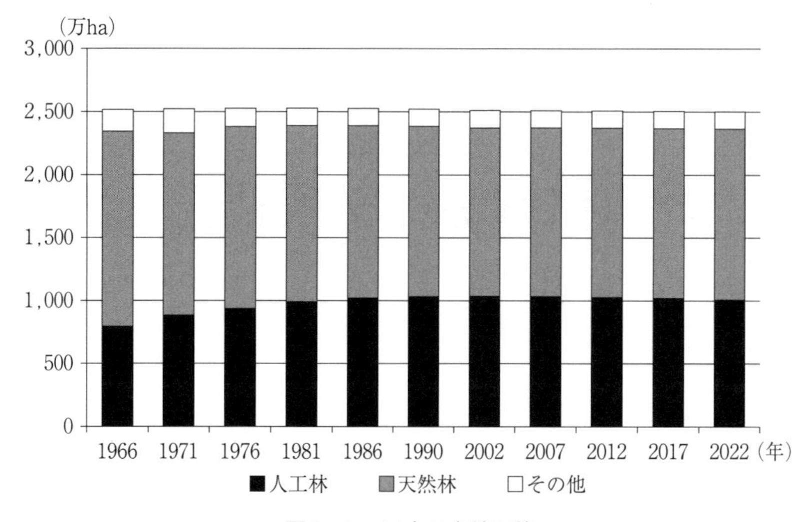

図8－1　日本の森林面積

注：その他には無立木地（伐採跡地、未立木地）、竹林を含む。
出所：林野庁「林業統計要覧」「森林・林業統計要覧」をもとに筆者作成

いる。この変化は1950年代から1970年代を中心に進んだ拡大造林の結果と考えてよい。日本では広葉樹を主体としながらさまざまな樹種や樹齢からなる天然林に代わって、スギやヒノキ、カラマツなどの針葉樹を人工造林する拡大造林が進んだのである。針葉樹の多くは広葉樹に比べて通直性があり、軟材といわれるように比較的軟らかくて加工しやすいという特長がある。通直性は柱に代表される製材品に加工するのに適することになる。また、針葉樹と広葉樹を英語でいうときに、それぞれ softwood、hardwood とすることがよくある。針葉樹は軟らかい材、広葉樹は堅い木材であることを表している。もう１つの側面があり、日本のスギやカラマツは比較的早く成長することも特質として挙げられる。九州のスギのように、地域によっては植栽してから40年ほどで主伐することができる。つまり、拡大造林を進めるにあたって重要なポイントとして３つ、通直性がある、軟らかい、そして成長が早いことが挙げられる。これらによって広葉樹主体の天然林から針葉樹主体の人工林へと、日本人は森林の一部を転換してきた。

前講で、日本は高度経済成長期に太平洋ベルトに労働者が集中するようになって木材需要が増えたことを紹介した。人口増加と核家族化をともなう人口移動とによって木材需要曲線が右方にシフトし、木材価格が上昇することとなり、次講で解説するように外国からの木材輸入も増加することになった。木材需要の増加に応え、木材不足を補うために、少しでも成長の早い樹種、加工しやすい樹種、まっすぐに成長する樹種として針葉樹を植栽したのである。こうした需給関係に対応すべく、日本国政府が拡大造林を進めたといえる。造林補助金を適用し、地拵えや植栽、下刈り、除伐、間伐などに対して一定の税金を投入し、量的にも質的にも人工林の成長をより促す施策がとられてきた。住宅建築などに適する木材を産み出すために、針葉樹の人工造林を推進して人工林資源を増やす方向がとられ、1980年代からは森林面積の約4割が人工林となっている。1980年代の後半から1990年代、2000年代……と、森林面積にも天然林と人工林の割合にも大きな変化はないことがわかる。

2. 森林蓄積

蓄積量とは、森林にある立木1本1本の材積（体積）を足し合わせたものと考えてよい。森林資源現況調査における森林蓄積量は、**図8-2**に示すように、1966年の18.9億㎥から1990年の31.4億㎥、2022年の55.6億㎥へ増え続けており、この56年間に約3倍の量になっている。この森林蓄積量を森林面積で割ると、1haあたりの蓄積量は1966年の75㎥から2022年の222㎥へ増えている。森林蓄積量について天然林と人工林とで分けてみると、天然林は1966年の13.3億㎥から2022年の20.1億㎥へ1.5倍になっているのに対して、人工林は同順に5.8億㎥から35.5億㎥へ6.1倍にも増加している。さらに、2022年の森林蓄積量を国有林と民有林とでみるとそれぞれ13.0億㎥と42.6億㎥であり、人工林面積が相対的に多い民有林が8割近くを占めて森林蓄積量がより多くなっている。

なお、林野庁は「持続可能な森林経営の推進に資する観点から、森林の状態とその変化の動向を全国統一した手法に基づき把握・評価することにより、森林計画における森林の整備・保全に係る基本的な事項等を定めるのに必要な客観的資料を得ることを目的として」森林生態系多様性基礎調査（2009年までの名称は森林資源モニタリング調査）を実施しており、2014年度～2018年度に行わ

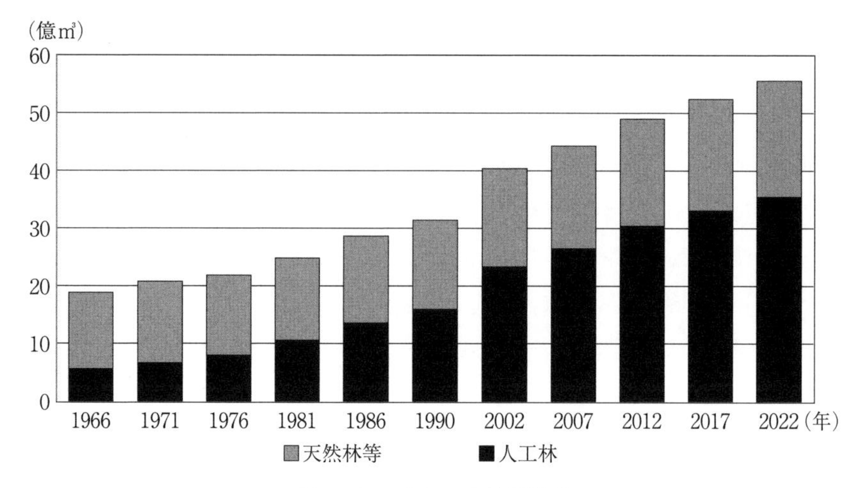

図8－2　日本の森林蓄積量

注：天然林等には無立木地（伐採跡地、未立木地）、竹林を含む。
出所：林野庁「林業統計要覧」「森林・林業統計要覧」をもとに筆者作成

れた第4期調査の結果では全立木の蓄積量は86.2億㎥で、そのうち天然林が34.6億㎥、人工林が46.3億㎥、その他が5.2億㎥となっている。森林生態系多様性基礎調査は、全国を4㎞メッシュで区切り、その交点に位置する森林を調査プロット（0.1ha）として設定（約1万5千点）し、統一した方法により全国の森林を調査していることから、より詳細な調査になっている。そのために、上述の森林資源現況調査よりも実際の森林蓄積量が多くなっていると考えられる。また、この調査における維管束植物の出現種数は第1期調査で3,994であったが、第2期以降に3,915、3,309、3,094と減少傾向にあることが示されている。生物多様性の観点から、この変化を注視し、必要に応じて対策を講じる必要があるだろう。なお、森林簿にもとづく森林資源現況調査と森林生態系多様性基礎調査との間の差異に関しては、森林簿における蓄積推計の向上により改善を図るとされている。

3．人工林の齢級構成

樹木にも年齢があり、若齢も老齢もある。ここで人工林をとり出して年齢、

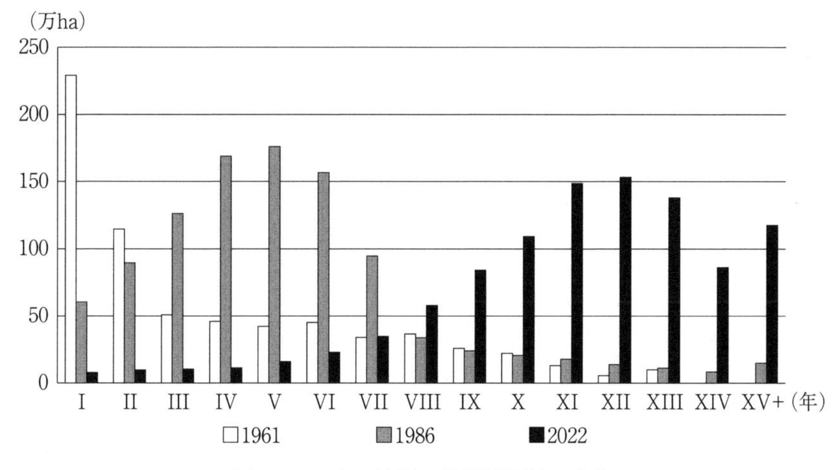

図８－３　人工林別の齢級別面積の変化

出所：林野庁監修「日本の森林資源」、日本林業技術協会（1987）および林野庁（2022）「森林資源現況」をもとに筆者作成

齢級構成をみてみよう。齢級とは日本独自のものであり、植栽した年の樹木を１年生とし、１年生～５年生をⅠ齢級、６年生～10年生をⅡ齢級のように呼ぶ。

図８－３は人工林の齢級構成の変化を表したものであり、白色の棒グラフが1961年、灰色が1986年、黒色が2022年となっている。1961年のピークはⅠ齢級で229.1万 ha、1986年のそれはⅤ齢級で176.2万 ha、2022年にはⅫ齢級で153.5万 ha となっている。人工林面積のピークとなる齢級は右にシフトし、他方で2022年に若齢の面積が10万 ha に満たない状態が続いている。この20～30年の間に主伐面積の減少にともなって人工造林が減り、いびつな山型の齢級構成になっているのである。このことは、将来に木材を利用したいときに伐採できる人工林が限られる、あるいは足りなくなる可能性を示している。第７講で解説したように、海外から多くの木材輸入があって国産材の利用が進まなかったために、主伐・再造林が限られた面積でしかなされなかったのである。国内の木材産業の多くは、外国の丸太を加工すればよかった。だが、2000年代以降に輸入丸太の減少が進み、結果として国産材を原料とする方向へと変化し、木材自給率も上がってきている。なお、2010年代に入って主伐が政策的にも指向されるようになり、再造林面積の減少にストップがかかりはじめている。

人工林齢級構成のいびつさは、スギやヒノキ、カラマツ、マツ類などの樹種でみても同様になっている。例えば、2022年の人工林スギ面積ではⅫ齢級の70.8万 ha がピークで、Ⅰ齢級～Ⅳ齢級の面積は各３万 ha 前後となっている。人工林ヒノキ面積ではⅪ齢級の36.7万 ha がピークで、Ⅰ齢級～Ⅲ齢級の面積は各１万 ha 前後にすぎない。人工林カラマツ面積ではⅩⅢ齢級の18.9万 ha がピークで、Ⅰ齢級～Ⅶ齢級の面積は２万 ha 前後にすぎない。アカマツやトドマツなどで構成される人工林マツ類面積ではⅫ齢級の19.0万 ha がピークで、Ⅰ齢級～Ⅲ齢級面積は１千 ha を下回っている。

また、人工林には適齢期に伐採して利用することが望ましい場合があることも指摘しておきたい。例えば、九州のスギでは高齢になって大きくなりすぎると立木の根元に近い部分が腐って芯腐れを起こしたり、北海道のトドマツでも大径となって同様に芯腐れが生じたりする。適齢期のときに伐採して利用する方が森林としての健全性や樹木の経済価値を保つことにもなるのである。

第２節　持続的な林業経営

１．人工林と天然林の経営

森林資源を持続的に管理していくにはどうすればよいかが私たちの喫緊の課題となっている。このことに関して、田中ほか編著『森林計画学入門』を参考にして法正林思想と恒続林思想を紹介しよう。

図８-３のような、いびつな齢級構成を平準化することがひとつの方向性と考えられる。法正林思想は19世紀にドイツ林学において確立された。毎年一定量の木材を永久に収穫し、それによって持続的森林経営が行われるのである。**図８-４左**では上側に現在、下側に翌年の状態を示した。上側に四角を５つ、少し間をおいて右側に四角を２つおき、それぞれを人工林の年齢、林齢と仮定しよう。一番右側のグレーの四角が伐採適齢期（林齢 u）で当年に主伐されると、翌年にはその部分が植栽（再造林）される。当年に主伐されて来年に再造林されることを考えると、当年の林齢が１年生だったところが翌年には２年生になり、２年生だったところが３年生になり、３年生だったところが４年生に

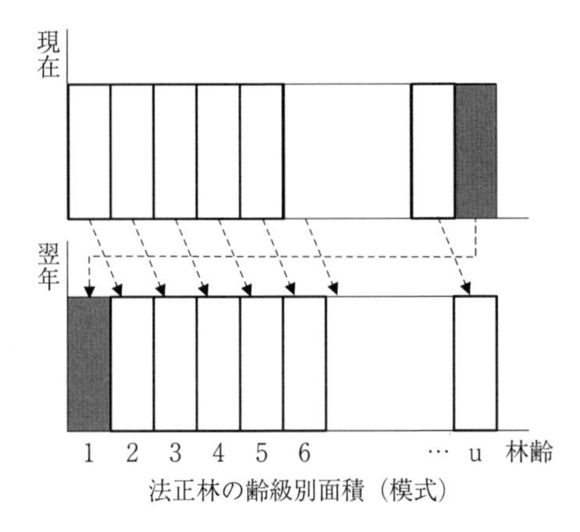

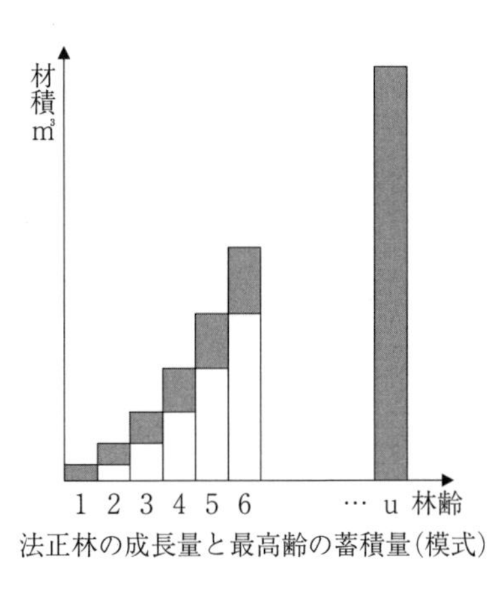

図8－4　法正林の考え方

出所：田中ほか編著（2020）図2.5と図2.6をもとに筆者作成

なるという形ですべての林齢が毎年１年ずつを重ねることになる。結果的には総面積も、期首の各林齢の面積も変わらないことになる。このような人工林を法正林という。樹木の成長については、１年生で少し成長し、２年生でも少し成長し、だんだんに成長の速度が速まって年々の材積が大きくなるが、その速度はある頃から徐々に減速するようになり、材積の成長量はわずかになっていく。

この法正林の条件として、田中は①法正林齢級配分（伐期に至るまでの各林齢の林分が等面積ずつ存在する)、②法正林分配置（各林分の位置関係が適切である。特に、伐出、更新、保護（対風害・寒害）などの面で適正に配置されている)、③法正蓄積（各林分がその林齢に相応する正常な蓄積をもっている)、④法正成長量（その林齢に相応する正常な成長をもっている）を挙げている。法正状態では、各林分で灰色にした成長量の合計が最高齢の蓄積量に等しく、この量は収穫量とほぼ同等になる（**図8－4右**)。これが、毎年繰り返されることになる。各林分が同じ面積に区画された林分で、最高齢になると伐採され、そこは翌年に植栽され、それ以降に下刈りや除伐、間伐がなされていく。植えて、育てて、伐って、また植え、育てて、伐って、……を繰り返すのである。こうした状況が作られれば、森林の有する一定面積あたりの蓄積量は安定し、将来の木材生産や木材利用も安定することになり、森林経営そのものが持続的になされるのである。

また、天然下種更新にもとづく森林の造成を恒続林思想という。植物学者のA. メーラーが提唱したものであり、田中によると ① 皆伐を決して行わない、② 天然下種更新を利用して異齢混交林を作る、③ 伐採は全体にわたって年々単木的に行う、④（腐葉土ともなる）落葉落枝の採取を行わないことが、育林技術上の要点となっている。このような育林を行うことによって、できるだけ高蓄積で成長量が大きく、価値の高い森林を造成することに努め、できるだけ多くの純収入を持続的に得ることを目指して経営を行うことになる。なお、田中によると「恒続林思想は思想であって、具体的な作業法を規定したものではな」く、「恒続林は一定の林分構成を要求せず、また絶え間なく更新することを要求していないという点において、択伐林とは根本的にことなる」（田中ほか編著　2020：29頁）という。

天然林の施業では、第１講で取り上げたように、目標とする太さに達した単木について１本単位で抜き伐りをする択伐が重要な方法としてとられてきた。高嶋・吉田によると、「択伐では、目標径級に達した大木や成長が低下した老齢木から順に伐採を進めることで壮齢木や幼齢木の成長が改善され、林分の成長量が高い状態で維持することができる。伐採量や回帰年は成長量と伐採量のバランスを取る照査法の考え方などに基づき設定される。また、択伐後は林床において光環境が改善されるため、天然更新も促進される」（田中ほか編著　2020：87-88頁）という特長がある。また、里山にあるコナラやクヌギなどの天然林では萌芽更新による萌芽林施業もある。伐り株の側面などから芽が出て更新する萌芽更新では、30年程度の伐採周期で伐採を繰り返し、萌芽更新した後に収穫された木材は燃料やパルプ用に利用されてきた。

以上をまとめると、経営の対象となる人工林では、安定した森林蓄積量にもとづいて一定の木材生産を行う法正林施業が重要な方向性として考えられる。森林蓄積量が安定するということは、そこに固定される炭素量も安定することから、カーボンニュートラルという観点でも重要となる。他方、天然林では恒続林思想も念頭におきつつ、施業としては択伐や小面積皆伐・萌芽更新が重要な方向性としてとらえられる。択伐によって残された樹木の成長や天然更新が促されて、より高い水準での林分の成長量が確保できる。萌芽更新でも、一定期間で小面積皆伐と更新を繰り返すことにより、広い範囲でとらえるならば安定した森林蓄積量になる。

2．人工林の育林費用

スギ人工林を50年生で主伐するときの育林費用を考えてみよう。農林水産省「平成25年度林業経営統計調査報告」（2015年7月）によれば、スギ人工林の造成に要する1haあたり費用は、植栽後に下刈り等の行われるⅠ齢級が約102.7万円、除伐などの行われるⅡ齢級が約4.8万円、Ⅲ齢級～Ⅹ齢級の合計が約13.3万円であり、合計121万円ほどとなっている。**図7-5**の近年におけるスギ山元立木価格を参考に3,000円/㎥とおき、主伐時に50年生で400㎥/haの材積があると仮定すると、1haあたりの立木代金は120万円となり、この額は育林費用とほぼ同額となる。つまり、補助金があることを勘案したとしても、現状としてスギの人工林経営が厳しいものになっているといえる。Ⅰ齢級の育林費用が全体の85％ほどになっていることから、費用削減に向けた取り組みとしては疎植化、苗木の品種改良、伐採と同時の高性能林業機械による地拵えを行う一貫作業システムなどが展開している。

疎植化は、第二次世界大戦後に主流であった1haあたり3,000本の植栽密度を2,500本や2,000本に減らすことである。北海道が2000年代にいち早く疎植の取り組みをはじめ、他の県でもこの動きがみられるようになっている。さらに、国有林でも2010年代に入って地域性をもたせながら疎植化を進めてきている。植栽密度が3分の2になれば、苗木代金の支払いのみならず苗木の運搬や植栽にかかる費用も相応に低下することから、育林費用を削減するのに重要な取り組みとなっている。ニュージーランドのラジアータパインの植栽は1haあたり800本、米国の北西海岸地域や南部地域では1haあたり1,000本～1,500本程度の植栽密度であり、そうした事例も参考にして日本に適する施業体系を検討することも重要となっている。また、育苗技術も変化が生じており2010年代に入ってから露地苗（裸苗）に加えて育苗期間の短いコンテナ苗が生産されるようになり、苗木の増産への期待が高まっている。路地苗では3年～5年程度の育苗期間なのに対して、裸苗は1年～3年程度に短縮されている。また、一貫作業システムでは、伐採に引き続いて高性能林業機械により木寄せ・集材や地拵えを行い、丸太を搬出した後に植栽を行う。素材生産から植栽までを連携して行うことにより時間が短縮されて作業効率が高まることになる。

第3節　林業経営

1．林業の担い手

林業経営は誰が担うかを考えてみよう。「農林業センサス」では、「林家」と「林業経営体」に分けられ、林家は「保有山林面積が1ha以上の世帯」で、林業経営体は「(ア)保有山林面積が3ha以上かつ過去5年間に林業作業を行うか森林経営計画又は森林施業計画を作成している、(イ)委託を受けて育林を行っている、(ウ)委託や立木の購入により過去1年間に200㎥以上の素材生産を行っている、のいずれかに該当する者」とされている。

農林業センサスと国勢調査を用い、1990年から2020年までの林家戸数と林業従事者数を作表した（**表8－1**）。林家戸数は1990年には105.6万戸だったが、2005年に92.0万戸に減り、さらに2020年には69.0万戸にとどまっている。戸数の推移をみると、2010年代に減少が加速している。

つぎに、2015年の農林業センサスにより森林所有者の規模について確認しよう（**図8－5**）。10ha未満層の森林所有者が87％を占め、全体的に小規模な所有となっている。2015年の農林水産省「森林資源の循環利用に関する意識・意向調査」によると、林業経営意欲の低い割合が10ha未満層では84％に達する。この林業経営意欲が低いことに加えて、主伐をする意向がないという森林所有者が7割に達する状況となっている。これは、日本林業におけるひとつの特徴であり、それを所与として林業をどう発展させられるかが課題といえる。他方、森林を伐採して丸太にする素材生産業者では、規模拡大したいと考えている割合が7割を超すという結果が出ている。森林所有者は経営意欲が低い一方で素材生産業者は規模を拡大してもっと林業を行っていきたいと考えているといえ

表8-1　林家と林業労働力

（単位：万戸、万人、%）

	1990	2000	2005	2010	2015	2020
林家戸数[1)]	105.6	101.9	92.0	90.7	82.9	69.0
林業就業者数[2)]	10.8	6.7	4.7	6.9	6.4	6.4
うち65歳以上	1.1	1.7	1.2	1.2	1.4	1.4
林業従事者数[2)]	10.0	6.8	5.2	5.1	4.5	4.4
男	8.6	6.0	4.8	4.8	4.3	4.1
女	1.4	0.8	0.4	0.3	0.3	0.3
うち育林従事者	5.8	4.2	2.9	2.7	1.9	1.7
うち伐木・造材・集材従事者	3.6	2.1	1.9	1.9	2.1	2.0
うちその他の林業従事者	0.6	0.5	0.5	0.5	0.5	0.6
高齢化率	14	30	27	21	25	25

注1：「林業就業者」とは、山林用苗木の育成・植栽、木材の保育・保護、林木からの素材生産、薪及び木炭の製造、樹脂、樹皮、その他の林産物の収集及び林業に直接関係するサービス業務並びに野生動物の狩猟等を行う事業所に就業する者で、調査年の9月24日～30日の1週間に収入になる仕事を少しでもした者等。

注2：「林業従事者」とは、就業している事業体の日本標準産業分類を問わず、林木、苗木、種子の育成、伐採、搬出、処分等の仕事及び製炭や製薪の仕事に従事する者で、調査年の9月24日～30日の1週間に収入になる仕事を少しでもした者等。2005年以前の各項目の名称は、「～従事者」ではなく「～作業者」であった。

出所：農林水産省統計部「農林業センサス」と総務省「国勢調査」をもとに筆者作成

よう。このような状況を踏まえる形で、森林の所有と経営を分けるという方向性に行政や民間がシフトし、あわせて施業の集約化も志向されている。小規模な森林所有をまとめることによって一定の広さの森林として、まとめて森林施業や経営をしていくという方向性である。

表8-1を参照すると、林業就業者は1990年の10.8万人から2020年の6.4万人に減少している。その減少は1990年代に進み、そのなかで65歳以上の就業者数が増加したが、その後は総数も高齢者数もおおむね安定している。他方、林業従事者数は、1990年の10.0万人から2020年の4.4万人へ総数は大きく減少した。性別を問わずに減少しているが、女性の減少率が高かった。時期としては、1990年代の減少が際立っている。そのうち育林従事者は1990年の5.8万人から

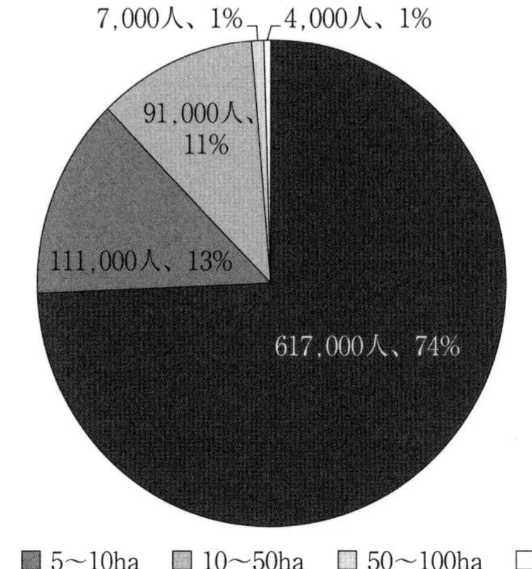

図8－5　保有山林面積別の林家
出所：農林水産省統計部「農林業センサス」をもとに筆者作成

2020年の1.7万人へ減少したのに対して、伐木・造材・集材従事者数は1990年の3.6万人から2005年の1.9万人に減少したが、2010年代には増加して2万人台に乗っている。つまり、林業従事者数としては育林従事者の減少が深刻になっている。林業従事者に占める65歳以上の高齢者の割合は、1990年の14%から2000年の30%まで高まったが、その後に20%台で推移している。65歳以上の林業従事者数については1万人台で安定しており、2010年代前半にやや増加している。このように、林業における高齢化は近年になって落ち着きはじめていると考えられる。

2．高性能林業機械

素材生産においては、高性能林業機械が重要な役割を果たすと期待される。その保有台数を図8－6で確認しておきたい。高性能林業機械は1990年代初頭に生じた大分県などでの台風被害木の処理を契機に導入が進み、保有台数は1990年代以降に右肩上がりで増加してきてきた。その総数は2021年度に11,273台であり、10年前の2011年度の台数に比べると約2.2倍となっている。地域的には、北海道に980台、東北に2,266台、関東に1,088台、中部に1,627台、近畿

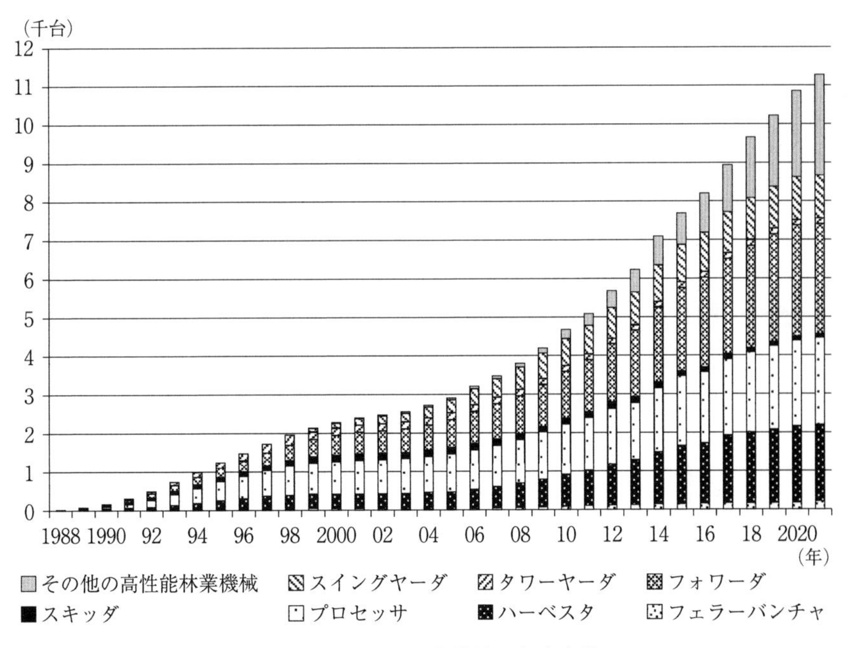

図 8－6　高性能林業機械の保有台数

出所：林野庁森林整備部研究指導課技術開発推進室の資料をもとに筆者作成

に745台、中国に1,018台、四国に980台、九州に2,569台となっており、地域による疎密はあるものの、全国的に導入されている。主な高性能林業機械ごとに2021年度の内訳をみると、運材用のフォワーダが2,863台、立木を伐倒した後に枝払いや玉切り、集積作業を行うプロセッサが2,239台、伐倒や枝払い、玉切り、集積作業を行うハーベスタが1,999台となっている。だが、高性能林業機械の稼働状況としては2021年度にフォワーダが46％、プロセッサが53％、ハーベスタが51％のように高いとはいえず、林業の生産性を高めるためにも稼働率をいかに高めていくかが課題となっている。

第 4 節　人工林経営の分析例

1．生産活動の基礎

ここで利潤、費用、生産要素の関係を考えよう。**図 8－7** は横軸に生産要素

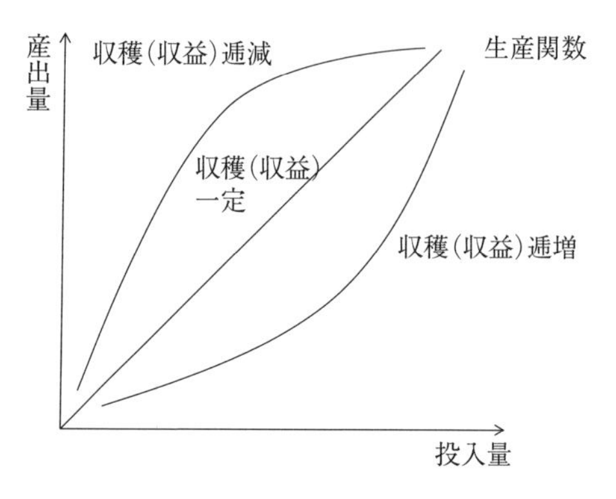

図8-7　投入と産出の関係

出所：筆者作成

の投入量、縦軸に産出量をとったときに、収入から費用を差し引いた収益あるは収穫量がどうなり得るかを示している。生産要素は土地、労働、資本で考え、資本には機械・設備が含まれる。

生産要素の投入量の増加にともなって、産出量が増えていくが、その増え方には大きく3つのパターンがある。直線の部分は、投入量が増えればそれにともなって産出量が同程度増えていく収穫一定を意味する。一方で、最初のうちは投入量を増やしても産出量はそれほど増えないが、じょじょにその増え方が増していく、収穫逓増という関係も考えられる。また、収穫逓減の曲線も考えられる。投入量を増やしていくと、初めのうちはそれに対する産出量はより大きくなるが、その関係がじょじょに緩やかになり、産出量はそれに見合うだけ増えることがなくなることも生じるだろう。整理すると以下のようになる。

① 規模に関して収穫（収益）一定：各生産要素（ここでは x_1 と x_2）の投入量を一定倍（例えば2倍）に拡大したときに産出量も同率で（例えば2倍）増える（平均費用一定）。

任意の $t>0$、$f(tx_1, tx_2) = tf(x_1, x_2)$

② 収穫（収益）逓増：他の投入物が一定の場合に、あるひとつの投入物の量を追加的に増加するとき（増加率）、対応して追加的に得られる限界生産物の量（増加率）はだんだん大きくなる（平均費用低下）。

任意の $t>0$、$f(tx_1, tx_2) > tf(x_1, x_2)$

③ 収穫（収益）逓減：他の投入物が一定の場合に、あるひとつの投入物の量を追加的に増加するとき（増加率）、対応して追加的に得られる限界生産物の量（増加率）はだんだん小さくなる（平均費用上昇）。

任意の $t>0$、$f(tx_1, tx_2) < tf(x_1, x_2)$

ここで費用について横軸に産出量、縦軸に費用をとった図を思い描いてほしい。固定費用（CF）は、産出水準に関係なく要する費用で、地代や機具への支払いが含まれる。CFは産出量に関わりなく一定である。可変費用（CV）は、産出量が大きくなれば費用も大きくなるため、可変費用曲線は右肩上がりで増加する。例えば、労働費用や原材料費などであり、理論的には状況に応じて減らすことも増やすこともできる。CFとCVを足し合わせたものが総費用（TC）であり、それを線で結んだものが総費用曲線となる。

つぎに、平均費用（AC）はTCを産出量（Q）で除して得られる。平均費用曲線は、**図8-8右**にあるように、下に凸の曲線として描かれる。平均可変費用はCVをQで除して求めた値であり、平均可変費用曲線はAC曲線の下にくる。限界費用（MC）は、産出物をもう1単位追加的に産出するために必要な費用の増加分である。産出量を1単位追加的に増やすというのは、**図8-8左**において横軸の数量を1単位増加させたときに、縦軸の費用がどのくらい増えるかということである。各産出量における総費用曲線の接線の傾きと考えればよい。右図にある限界費用曲線は、産出量を増やすことによって費用はどんどん小さくなるが、あるところから生産の効率が下がって費用は増加していく。

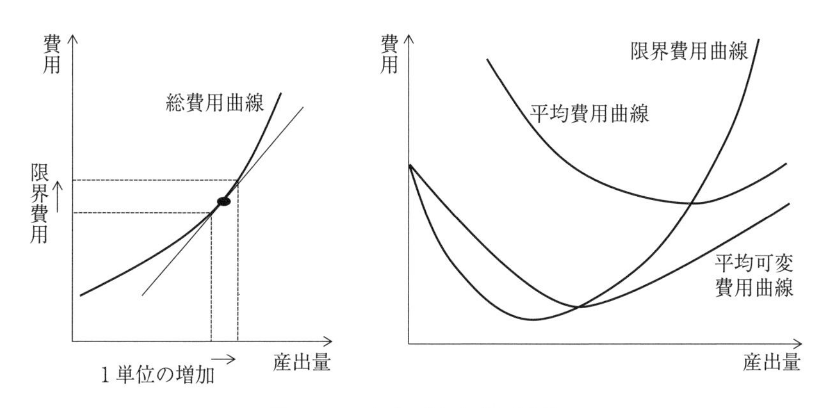

図8-8　さまざまな費用曲線

出所：筆者作成

2．森林価値からみた伐期選択

以上の議論を前提として、森林所有者の性格を考えてみよう。森林所有者は所有する森林を経営しており、企業として生産要素を購入し、産出物である木材を供給し、資本財への投資も行う。例えば、自伐林家ならばチェンソーや軽油を購入し、自ら立木を伐倒し、玉切りし、その丸太を軽トラックなどで原木市場や木材加工場に運んで販売するのである。そして、販売額の一部を使ってより性能の高いチェンソーを資本財として購入する（投資する）ことも行う。さらに経営規模を大きくしようと、チェンソーを買い足すとか、林業機械を購入することもあるだろう。また、家計として労働や土地などの生産要素を販売（供給）して得た所得により、例えば飲食物や衣類、家電製品などの生産物の需要者となる。森林所有者は少なからず農家林家であったり、会社員であったり、二面性を有することも特徴である。奥野は、「家計は、与えられた生産要素保有量と市場で決まる価格のもとで、実現可能な全ての生産要素供給量、消費財需要量の組み合わせを考え、その中で嗜好に合った組み合わせを選択する」としている。

このような森林所有者は、どのように所有する森林の価値を判断し、伐期を選択するのであろうか。結論からいうと、森林として生む価値の増加率と、その森林を販売して得られる金額を貯金して増える価値の増加率（利子率）との関係を比較して、森林所有者は伐期を判断すると考えられる。そのことを以下では解説していこう。

ここでは、法正状態の生産林を想定し、皆伐による収穫のみを行うと仮定する。例えば100haのスギ林について50区画に分け、毎年1区画2haずつ主伐と再造林、下刈り、除・皆伐などを行うが、ここでは主伐の林分を切り取って考える。本来ならば植栽費用や下刈り費用、間伐費用をかけ、他方で間伐材の販売収入や、レクリエーション、野生動物、まぐさ、キノコなどの非木材森林産物からの収入が加わることもあるが、それらは簡便化のために捨象することとする。また、育林費用や収穫時期の遅れは発生せず、補助金や税金についても含めずに考える。

ここで、S：（純）森林価値、R：収入、C：伐出費としたときに、S=R−C

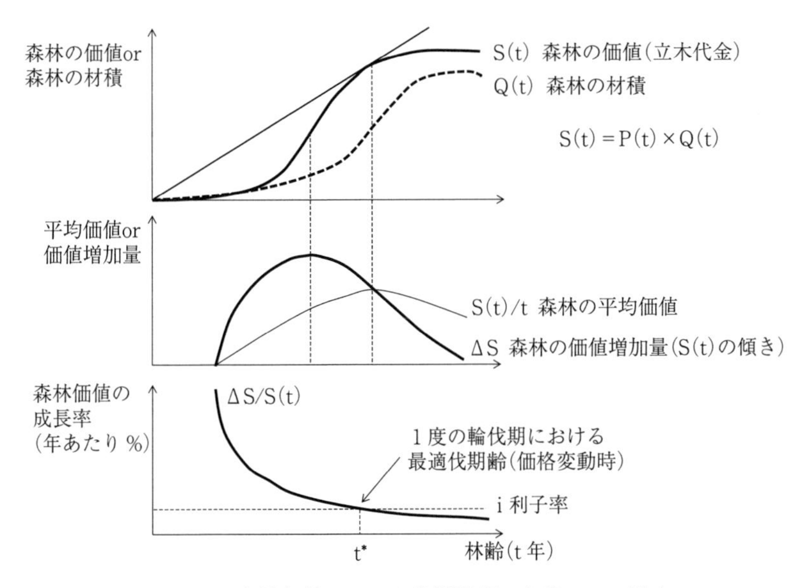

図8－9　森林価値からみた伐期選択：主伐のみの場合

出所：Zhang and Pearse (2011) Figure 7.1をもとに筆者作成

という関係が成り立つとする。伐出は最適な主体が担い、販売は最適な市場で行う。まず、**図8－9上**では横軸に林齢（t年）を、縦軸に森林の価値あるいは材積をとる。森林の材積Q(t)は、幼齢や若齢ではゆっくりと増加するが、年々の成長量はじょじょに加速して増えていく。だが、その成長速度は高齢になっていくとゆっくりとなり、枯死などもあって若干減少することも考えられる。それに対して、森林の価値S(t)は材積に立木価格（P(t)）を乗じて得られ、S(t)＝P(t)×Q(t)となる。だが、立木が高齢となって年々の成長量が次第に小さくなると、森林の価値増加量も小さくなり、森林の価値は安定するようになる。

つぎに**図8－9中**では、平均価値あるいは価値増加量を縦軸にとり、森林の平均価値をS(t)/t、森林の価値増加量をΔSとすると、森林の価値増加量はS(t)の接線の傾きととらえられる。森林の価値増加量は急速に増えた後にじょじょに減少していくことになる。森林の平均価値は緩やかに増加した後に、ある時点から減少していく。

図8－9下では縦軸に森林価値の成長率（年あたり％）は、ΔSをS(t)で除した値の描く曲線である。その値は比較的若いうちは高い値を示すが、立木の成長にともなって森林の材積が増加していくと、材積はあるところで頭打ちになってほぼ安定することから、増加する材積が小さくなるのにともない森林の価値成長率も低下傾向を示すことになる。したがって、右下がりの曲線となる。他方で、私たちは銀行に貯金したときに利子率によって貯金が増える額も変わってくることを意識するのと同様に、一定規模の森林所有者は立木代金を貯金して増える額の割合（利子率）と、森林としておいて価値が増加する率（ΔS/S(t)）とを比較していると考えられる。森林所有者は森林として立木のままで資産を増やすか、収穫して立木代を銀行に貯金して資産を増やすかという選択をするのであり、それらが同じになる時点が最適な伐期ととらえられるのである。なお、Pがどう変化するかは極めて重要であるため、応用として読者自身が考えてみてほしい。

このことは機会費用で考えられる。例えば、森林に300万円の価値があり、4％の価値成長率であれば来年に312万円になる。今後は年々その価値の増加率が下がっていくと考えられる。他方、300万円を銀行に預金したときに、それが何％増えるかが銀行の利子率である。利子率が5％ならば、森林を販売し、その代金を銀行に預金する方が経済的にメリットを生む。もし銀行の利子率が2％ならば、森林の価値の成長率の方が高いことになるから、もう少し成長させた後に販売する方がよいと判断するだろう。このように森林の所有者は、理論的に考えると、森林が生物学的に増加する部分で生む価値と、銀行で貯金したときに得られる価値との関係で伐期を選択していると考えられるのである。

【引用・参考文献】

Zhang, D. and Pearse, P. H. (2011) *Forest Economics*. UBC Press

奥野正寛『入門ミクロ経済学』日本経済新聞社、1990年

白石則彦・大久保圭・広嶋卓也「森林資源の成熟度および保続可能性の評価手法に関する研究」『森林計画学会誌』40(2)、2006年、267-276頁

田中和博・吉田茂二郎・白石則彦・松村直人編著『森林計画学入門』朝倉書店、2020年

藤森隆郎『新たな森林管理—持続可能な社会に向けて—』全国林業改良普及会、2003年

この講の理解を深めるために

(1) 日本の森林資源量の変化からみて、どのような課題があるか？
(2) 日本の林業労働力の変化からみて、どのような取り組みが必要と考えられるか？
(3) 人工林経営において何を目的にどのような取り組みが必要と考えられるか？

第9講
木材産業

第1節　木材産業の定義と日本の製材業

1．木材産業の定義

木材製品や紙などはどのように製品化されているのであろうか。森林資源から産出された丸太を素材（原木）として木材製品を製造する木材産業を取り上げてみていこう。木材産業は、経済産業省「工業統計調査」における木材・木製品製造業（家具を除く）としてとらえられる。その内容は、原木から製材品、集成材、単板・合板、木材チップへの加工や、パーティクルボード（削片板、PB）やファイバーボード（繊維板、FB)、木製容器製造業、コルク加工基礎資材・コルク製品製造業などの木製品製造を行っており、木材製品を製造・販売する産業である。以前は林産業という時期もあったが、近年では木材産業というのが一般的である。この他に丸太を原料とする産業には紙・パルプ産業があり、木材などの繊維原料を用いてセルロース繊維の集合体であるパルプを製造し、そのパルプや古紙を利用して紙・板紙を製造・販売する。本講では木材産業のなかから製材業を主にして取り上げる。

森林所有者から木材を使う最終消費者までを構成する経済主体の関係を図9-1にまとめた。第8講で取り上げた森林所有者自らが生産した丸太や、森林所有者から立木購入した素材生産業者が生産した丸太は、原木市売市場などを介して製材工場・合板工場などの木材産業に流通したり、問屋や木材商社を介して木材産業に流通したりしてきた。製材工場や単板・合板工場、集成材工場、チップ工場などで丸太が木材製品や木材チップに加工されるわけである。

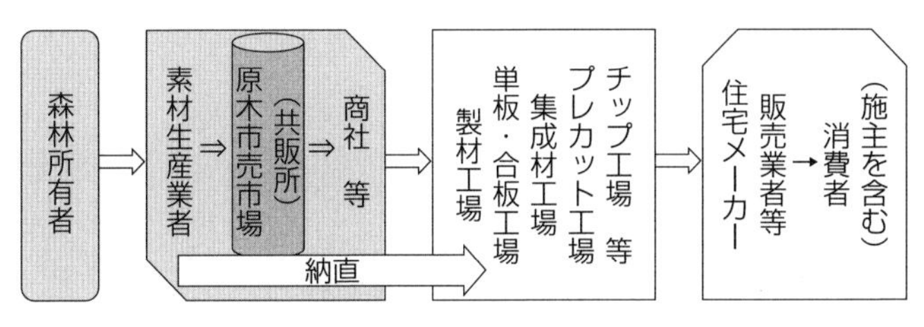

図9－1　木材流通を構成する主な経済主体

出所：筆者作成

製材工場では円柱形の丸太を柱材や板材のような角柱に加工し、単板工場では円柱形の丸太に刃を当てて薄い単板を製造する。合板工場では単板の繊維方向を直角に重ねて貼り合わせて合板を、繊維方向を平行に貼り合わせて単板積層材（LVL）を製造する。集成材工場では、板材（ひき板、ラミナ）の端部を櫛状にしてたて継ぎ接着接合（フィンガージョイント）し、それらをさらに接着して集成材を製造する。こうした製材品や合板、集成材などは、建築現場で施工する前に工場で機械加工（プレカット）され、邸別に部材がまとめられて出荷される（プレカット工場）。かつては施工現場で大工が図面にもとづいて手刻みで加工して建築していたが、大工数の減少や工期の短縮化などを求めて1990年代から機械プレカットが広く行われるようになっている。製材品などの木材製品は、住宅メーカーだけではなく販売業者にも流通している。私たち一般消費者は、製材品などが必要なときにDIYショップなどで購入することができる。

円柱形の丸太はチップ工場で木材チップに加工されるものも少なくない。木材チップは、製紙用になるだけではなく、FB工場やPB工場での原料になったり、バイオマス発電の燃料になったりする。FBの原料では、4割あまりが合板工場や製材工場などの残材であり、丸太由来の木材チップが2割ほどを占め、2000年代以降に建築解体材の割合が高まって3割ほどを担っている。PBの原料では、建築解体材の割合が9割近くに達し、丸太由来の木材チップおよび合板工場と製材工場などの残材は2％～3％ずつと少ない。FBの用途は建築の床や造作などの内装が7割あまりを占め、家具・木工も1割強ある。PBのそれは構造や置床などの下地材が6割近くを占め、住設機器が2割、家具・木工も1割強ある。

2001年の森林・林業基本法の制定を契機に、林野庁の政策として国産材新流通・加工システム（2004年度～2006年度）や新生産システム（2006年度～2010年度）が策定され、木材のサプライチェーンを拡充する取り組みが展開してきた。林業経営においても施業の集約化を行いながらより効率化を図り、路網の拡充を進めて素材生産規模の拡大への取り組みが行われてきた。

2．製材業

日本の製材工場がどのような状況にあるかを紹介しよう。2021年の状況を示すと、**表9－1**のように2021年の製材工場数は3,948あり、そのうち製材用動力出力数が7.5kW～75.0kW未満の小規模な製材工場数が2,100、75.0kW～300.0kW未満の中規模な製材工場数は1,322、300.0kW以上の大規模な製材工場数は526であり、そのうち1,000kW以上の特に大規模な製材工場数が93となっている。製材工場規模のトレンドをみるために、丸太の製材用素材入荷量を工場数で除した１工場あたり製材用素材入荷量を計算すると、林業基本法の制定された1964年の1,817㎥から1984年の2,112㎥、2004年の2,304㎥、2021年の4,188㎥へ増加しており、国産材新流通・加工システムや新生産システムなどによる政策的後押しもあって2000年代半ば以降に規模の拡大が進んだことがわかる。さらに、2021年の規模別製材用素材入荷量を規模別製材工場数で割った１工場あたり素材消費量は、小規模製材工場が409㎥、中規模製材工場が2,392㎥、大規模製材工場が23,793㎥であり、1,000kW以上層では77,312㎥に達する。

表9－1　2021年における規模別製材工場の特徴

	計／平均	7.5～75.0 kW未満	75.0～300.0 kW	300.0 kW以上	うち1,000.0 kW以上
工場数	3,948	2,100	1,322	526	93
素材消費量（千㎥）	16,535	858	3,162	12,515	7,190
１工場あたり（㎥）	4,188	409	2,392	23,793	77,312

出所：農林水産省「木材需給報告書」2021年版をもとに筆者作成

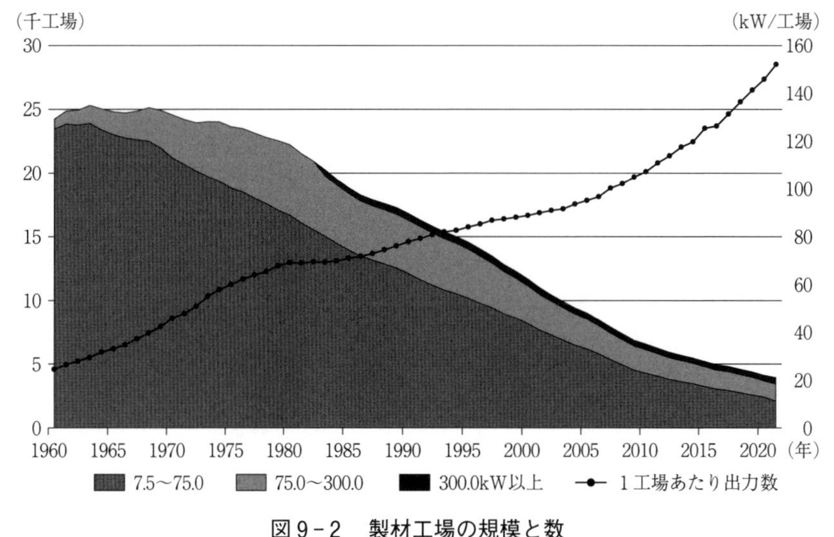

図9－2　製材工場の規模と数

出所：農林水産省「木材需給報告書」各年版をもとに筆者作成

ここで、1955年から2021年までの規模別製材工場数の推移を図9－2にまとめた。左の縦軸が工場数、右の縦軸が製材用総動力出力数を製材工場総数で割った1工場あたり平均動力出力数をとった。製材工場の規模については、もともと大部分を占めた濃い灰色の小規模の工場数は1960年代後半から減少の途をたどっていることがわかる。薄い灰色を付した中規模工場は1990年代以降に減少が進んできた。他方、黒色の300kW以上の動力出力数を擁する大規模な製材工場は1983年に農林水産省「木材需給報告書」に表れ、1990年代にかけて増加して1990年代後半に550工場を上回り、その後も一定数を維持し続けている。製材用素材入荷量全体に占める大規模製材工場のそれの割合は、2000年代はじめの40％強から2020年代初頭の75％～76％へ増加しており、大規模製材工場のシェアが大きく上昇している。また、1製材工場あたりの動力出力数は、1964年の31.6kWから1984年の69.9kW、2004年の93.7kW、2021年の152.0kWへ増加している。1kWあたり製材用素材消費量を計算すると、1964年の45,455㎥から1984年の41,218㎥、2004年の21,705㎥、2021年の14,851㎥と減少しており、日本を総体としてみた場合に動力出力数の増加に見合う素材入荷量になっていない。

製材工場の従業員数は、1964年の274,064人から1984年の147,257人、2004年の55,118人、公表値として最新の2016年には28,057人となっている。1工場あたり従業者数は、同順に11.2人、7.57人、5.86人、5.70人であり、2000年代までは減少傾向が続いて5.10人となったが、2010年代に入ってから5人台でやや上向いている。従業者ひとりあたり素材入荷量を計算すると、1964年の166㎥から1984年の280㎥、2004年の394㎥、2016年の591㎥と増加しており、従業員ひとりあたりでみた生産効率は高まっていると考えられる。2016年の従業員規模別製材工場数をみると、5人～9人が1,024、10人～19人が441、20人～29人が108、30人～49人が58、50人以上が34であり、従業員規模別でも小規模な製材工場数が多いことがわかる。特に、10人～49人の規模層における工場数の減少率が高くなっている。これは、産業構造の高度化が1つの要因となり、第二次産業から第三次産業への就業者のシフトが、特に中規模工場の減少をともなって進んだと考えられる。

3. 大規模な木材産業

2013年において、年間5万㎥以上の原木を消費している製材工場を**表9－2**とした。これらは前項における大規模製材工場に相当する。栃木県の株式会社トーセンが29万㎥、福島県の協和木材株式会社が25万㎥で上位にあり、合計13社が10万㎥以上の原木を消費していた。地域的には、東北・北関東や九州、北海道に立地する会社が多い。

図9－3は森林総合研究所の伊神裕司氏にご提供いただいたもので、近年に整備された大型木材加工場が地図に記載されている。大きな●が10万㎥以上、小さな●が5万㎥～10万㎥の原木を消費する工場である。製材工場などの規模拡大は北海道と東北と九州において図られ、この時点で10万㎥以上の規模は19工場であった。この他にも、東北や中部、中国、四国、南九州などで合板、LVL、CLT（直交集成板）などの新工場が稼働しはじめている。第7講で解説したように、外国からの丸太輸入が減少するなかで2000年代半ばから国産材利用が増加し、それにともない新設工場は港湾立地型から資源立地型に移行して

表9－2　2013年における年間5万㎥以上の原木消費工場

（㎥）

NO	会社名	所在地	原木消費量
1	トーセン	栃木県	290,000
2	協和木材	福島県	250,000
3	川井林業	岩手県	180,000
4	遠藤林業	福島県	150,000
5	外山木材	宮崎県	140,000
6	木脇産業	宮崎県	125,000
7	松本木材	福岡県	124,000
8	佐伯広域森林組合	大分県	115,700
9	サトウ	北海道	108,000
10	小田製材	大分県	100,000
11	横内林業	北海道	100,000
12	くまもと製材（協）	熊本県	100,000
13	アスクウッド	秋田県	100,000
14	双日北海道与志本	北海道	98,000
15	院圧林業	岡山県	90,000
16	吉田産業	宮崎県	90,000
17	兵庫木材センター	兵庫県	90,000
18	玉名製材（協）	熊本県	84,233
19	久万広域森組父野川	愛媛県	83,000
20	庄司製材所	山形県	78,000
21	持永木材	宮崎県	78,000
22	木村産業	岩手県	77,000
23	西九州木材事業（協）	佐賀県	75,000
24	佐藤製材所	大分県	72,000
25	湧別林産	北海道	67,000
26	大林産業	山口県	66,842
27	八幡浜官材（協）	愛媛県	63,000
28	オムニス林産（協）	北海道	62,500
29	耳川広域森組	宮崎県	62,124
30	二宮木材	栃木県	60,000
31	ネクスト	大分県	60,000
32	菊池木材	愛媛県	60,000
33	東都産業	福岡県	60,000
34	ファーストウッド	福井県	60,000
35	宮の郷木材事業（協）	茨城県	58,700
36	都城木材	宮崎県	58,000
37	三津橋農産	北海道	57,000
38	瀬戸製材	大分県	55,000
39	サイプレス・スナダヤ	愛媛県	55,000
40	関木材工業	北海道	51,000
41	徳永製材所	岡山県	50,000
42	山佐木材	鹿児島県	50,000
43	下田興産	愛媛県	50,000
44	高知おおとよ製材	高知県	50,000
	合計		**3,954,099**

注：各社原木消費量は概算値である。
出所：日刊木材新聞社（2013）『木材建材ウイクリー』1944をもとに筆者作成

いる。国内で森林資源が豊富にある地域に工場を建設し、丸太ではなく木材製品にしてから輸送するという方向になっている。

第2節　林業・林産業の垂直統合と水平統合

1．統合・連携の動き

木材産業における2000年代に入ってからの展開として、企業の統合がみられるようになっている。縦に垂直統合、つまり森林所有者から素材生産業者、木

図9－3　大規模な木材産業の立地

出所：日刊木材新聞社（2019）『木材建材ウイクリー』2225、2226（森林総合研究所・伊神裕司氏提供）

材加工業者、二次加工業者、工務店・小売業者との関係を示し、横に水平統合、例えば製材企業同士のような同業者の水平方向の関係を想定して**図9－4**を作成した。このような垂直や水平で経営を統合する、連携するという方向性が顕在化している。

例えば、製材企業のような木材加工業者は素材生産業者や森林所有者から原木を購入するわけだが、木材加工業者が素材生産部門に拡張したり、森林所有を行うようになったりという垂直方向への統合が拡がっている。日本最大の製材会社である中国木材株式会社（本社は広島県）は、原木の安定調達を視野に

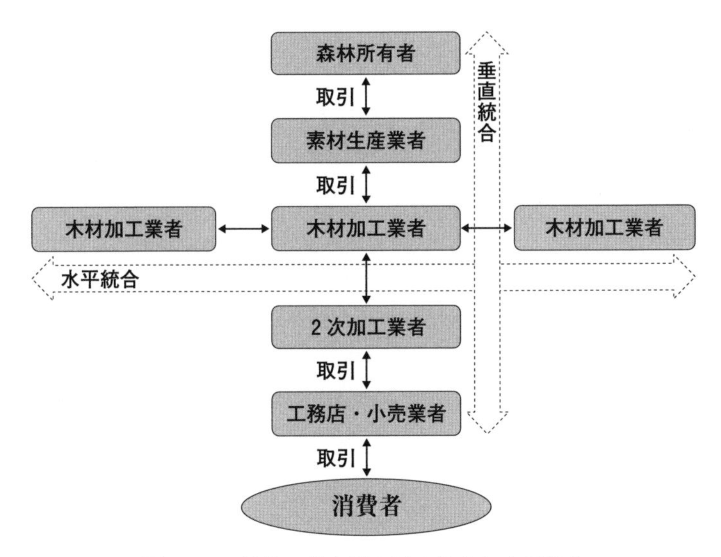

図9－4　林業・林産業の垂直統合と水平統合

出所：筆者作成

入れて2010年代に入ってから森林所有を拡大している。このように木材加工業者が素材生産あるいは森林所有まで射程に入れて木材流通の川上側へ垂直に統合するところが現れている。他方、協和木材株式会社（本社は福島県）が福島県と山形県に集成材工場を造ったように、木材流通の川下側への統合もみられる。例えば、住宅部材として無垢の製材品からひき板を貼り合わせた集成材への需要が増加するなかで、製材工場が核となりながら工務店までという垂直の統合や連携が取り組まれるようになっているのである。

また、木材加工業者同士が連携していく、さらに統合していくという動きも拡がっている。茨城県の宮の郷工業団地にある製材企業を例にとると、年間２千㎥～３千㎥程度の原木を挽く製材企業５社～６社と連携して、あわせて２万㎥規模の原木から製材品を製造している。仕組みとしては、核となる製材企業から連携する製材企業に対して適する寸法や樹種の原木が供給され、連携する製材会社はそれらを得意とする製材品に賃加工することを行っている。この場合には、連携する小規模な製材工場にとっては原木調達や製材品販売に経営の力を入れる必要はなくなり、製材という加工に注力すればよいため、この横の連携によってより効率的な加工を行え、良質な製材品を製造できることになる。

2．メリット

垂直統合や水平統合にはどのようなメリットがあるのだろうか。このことを整理してみよう。

垂直統合とは生産工程の前後にある分野の企業統合であり、統合の理由としては、① 生産数量、コストなどの適切な設定、② 取引費用の節約、③ 市場ニーズへの迅速かつ的確な対応が挙げられる。例えば、① については、需要側の状況をいち早く把握しながら製材品の生産量を設定し、それに応じて原木の調達量を決めるわけだが、例えば原木価格が高いときには市場ではなく自分の森林から伐り出すことができ、原木調達の費用を低められる。あるいは、原木の市況から判断して安価となれば素材生産の労働力を育林に回し、原木は市場から調達することが行える。② については、原木を購入するにあたって必要となる売り方の情報収集のような取引費用を、自らの森林や素材生産力があれば削減・節約することにつなげられる。③ についても、例えば製材品のニーズに関する情報を得て、製材品製造に関して迅速かつ的確な判断が行えることになる。統合の方向としては、原材料市場へと向かう後方統合と、販売市場へと向かう前方統合がある。例えば、製材企業が集成材工場やプレカット工場を造る、あるいは住宅部門をもつというのは前方統合である。この枠組みには、系列・下請関係や小売のプライベート・ブランド商品生産なども含まれる。垂直的企業合併については、垂直的段階構造として、ある生産物の原材料生産から完成された生産物の販売に至る過程となり、ここでは森林所有から素材生産、木材加工、二次加工、さらに住宅となる。このような取り組みによって、原材料調達の安定化、運搬費や在庫費などの費用削減が図られることになる。

水平統合とは、同一の産業部門内で生産工程の同じ段階にある企業あるいは事業者が統合することをいう。例えば、製材工場同士や素材生産業同士、プレカット工場同士というような同じ段階にある企業が統合することである。これには、同一企業内では事業所の統合が図られることも含められる。同業他社との関係では企業の集中・合併（M&A、系列化、企業間連携）も含まれ、概して競争抑制効果をもたらすことになる。競争相手が多ければ、その分だけ競争が激しくなると考えられ、合併することによって相手が減れば競争抑制効果が生じるわけである。水平的企業合併は、同一の業種ないし同一の段階に属する企業間の合併のことをいい、主に生産の大規模化による効率の増進と独占の形成による競争の抑制を求めて行われる。また、企業が大きくなると規模の経済を発揮させることになる。独占については、独占禁止法第９条に「国内において事業支配力が過度に集中することとなる会社となってはならない」と明記されており、それを前提として合併を進めることになる。

３．統合の例

ここで、製材企業の経営について代表的な例を紹介したい。まず、垂直統合を進める例として、製材企業Ａ社を取り上げよう。Ａ社は2000年代以降に自力で規模拡大を図りながら成長し、植林や丸太販売、製材加工、製品販売を行っている。Ａ社の素材生産部門は、これまでに取り引きのあった森林所有者の名簿をもっていて、継続的な関係において働きかけをして、間伐を行ったり立木購入して主伐を行ったり、主伐の後には植栽もしたりしている。スギとヒノキの原木消費量は2020年頃に年間約50万㎥となっており、構造用製材品や枠組み壁工法構造用製材品（いわゆる２×４材）、集成材の製材加工を行い、ハウスメーカーなどに販売している。素材生産部門が生産した丸太は直接自社工場の原木となるため、その分だけ市場での原木の売買が少なくなり、費用を低めることにつながる。こういった形をとることによって、森林所有者に対する支払額（立木代金）を高めることにつながっている。そして、安定した取り引きにより、伐採後の再造林まで確実に行われ、持続的な森林経営に結び付いている。Ａ社の場合には、原木調達を地域の素材生産業者などからも行っている一方、原木市売市場から購入する分もあり、安定的な原木調達につなげている。また、Ａ社では地元や近接県に集成材工場を稼働させ、素材生産部門から集成材部門までを垂直統合させて事業展開し、日本屈指の製材企業となっている。

続いて、水平統合を進めるＢ社の例である。かつては原木市売市場から原木を購入し、それを製材工場で加工して販売していた。Ｂ社は中規模な製材工場として製材・資材販売を行ってきており、製材工場が廃業していく状況下で建屋も製材機も備える工場を傘下に収め、2000年代から水平統合・水平連携を進めて規模拡大を図ってきた。例えば、年間２万㎥程度の原木を挽く製材工場が10工場まとまれば、20万㎥の規模になる。近年では山林活用や山林経営、バイオマス発電も手がけるようになり、水平統合を進めながら垂直統合の方向性も加えて展開している。Ｂ社は2023年に製材工場17ヵ所を擁し、自社や提携する工場が自らの得意分野を活かして製材を行い、それらを６つの母船工場に集めて乾燥や仕上げ加工を行い出荷している。それぞれの製材工場の得意分野を活かして適する原木を加工して、生産効率を高めることで品質向上が図られ、高品質な製材品を供給する仕組みとなっている。個々の製材工場が製材から乾燥、鉋掛けまでをするよりも、数工場分を１ヵ所にまとめた一元管理により乾燥や鉋掛けをする方が規模の経済が働いて費用が小さくなる。さらに、製材品の量がまとまることによって住宅メーカーやプレカット工場、ホームセンターなどの買い方との交渉力も高まることになる。

第３節　木材産業の分析例

１．短期と長期の平均総費用曲線

短期と長期の平均総費用曲線を**図９－５**で検討しよう。長期平均総費用曲線（LRATC）は各生産水準で平均総費用（ATC）を最小化するように固定費用が選ばれた場合の生産量と平均総費用との関係を示したものである。製材工場が１日に30㎥の製材品を生産するときを想定すると、ATC を最小にするように固定費用を選んで１日30㎥の製材品を生産すれば、総費用曲線（ATC30）はLRATC と点Ｃで接する。それより少なく（例えば10㎥、ATC10）、あるいは多く（例えば50㎥、ATC50）の生産をする場合を考えると、短期的に ATC 曲線は LRATC 曲線上で接するのではなく、ATC30の曲線において１日10㎥ならば総平均費用は点 A’ で、１日50㎥ならば点 B’ で生産している。長期平均費用が減少する段階にあるときには規模の経済性が働く状態にあり、生産規模を拡大する方がよいことになる。長期平均費用が増加する段階にあるときには規模

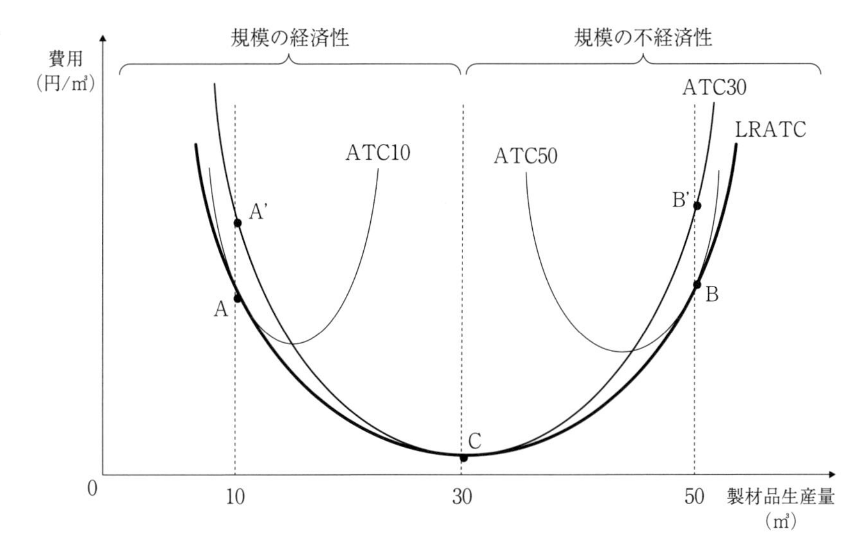

図9－5　短期と長期の平均総費用曲線

出所：クルーグマン・ウェルス著（2017）図8-12にもとづいて筆者作成

の不経済が生じることから生産を増やせば増やすほど費用がかかり増しになることがわかる。点A'では固定費用が高く、点B'では可変費用が高くなるためである。このように、規模の経済性を働かせればよいかどうかの判断は、平均総費用曲線を用いて考えられるわけである。

もうひとつの側面として範囲の経済を紹介しよう。ここでのポイントは結合生産物であり、同時に生産される複数の生産物をいう。例えば羊を飼う農家は同時に、羊毛、ラム肉、マトン肉を生産する。ラム肉を生産しようとして羊毛も生産できる。あるいは羊毛生産を主にはじめたところ羊肉も生産できる。範囲の経済は、複数の種類の生産物を別々の企業において生産するよりも、ひとつの企業がまとめて生産することによりその費用が安価になることをいう。複数の生産活動が同一企業によって行われることになるため、例えば森林・木材の分野では製材工場がチップ工場や木質ボード工場を併設して生産活動を行うことが考えられる。円柱形の丸太から角柱形の製材品をとると端材が生じることになるため、それを木材チップにして製紙や繊維板などの原料にするのである。例えば製材工場が大規模化するのにともなって、このような範囲の経済を援用した企業の事業展開が考えられる。また、調達した丸太の材質や大きさをみながら製材品とともにラミナを生産することも範囲の経済としてとらえられる。

2．国内製材工場などの近年の方向性

本講で取り上げたA社は製材工場に設備投資をして規模の拡大を図りながら、後方にも前方にも垂直統合する方向で事業展開していた。製材原料となる丸太や製造した製品をもとに垂直統合を図り、調達した丸太をみながら範囲の経済を発揮させる方向である。それによって森林所有者と安定した関係を保ち、立木をより高い価格で購入することにもつながっていた。さらに再造林まで行うことも事業としていった。また、2010年代に入ってから集成材工場を有するようになり、事業として垂直統合を拡げている。そのなかで、ひき板や2×4材という規格品の生産を手がけるようになり、規模の経済を働かせることにより製材効率が上がっていると考えられる。また、B社は地域にある中規模な製材工場を傘下に収めたり連携したりすることによって、水平方向で統合や連携を進めながら、母船工場や買い手との交渉において規模の経済を働かせていた。母船工場に近隣にある数工場から製材品を集めて仕上げ工程を行うことにより、効率を高めていると考えられる。さらに、近年になって森林所有や経営という垂直統合へも展開しはじめている。

国内製材工場の近年の方向性について、外国から丸太を輸入することが限定的になる状況下で、国産材挽きが主になってきている。それにともない、資源立地型の工場が一定の規模をもって稼働するようになっている。こうした動向を踏まえると、大規模工場では規格品を中心に規模の経済を追求する形で、設備の増強を含む1工場あたりの規模拡大が図られるようになっていくと考えられる。その展開において、いわゆる2×4材やひき板の海外輸出ということも期待される。森林で生産される丸太が大径化するなかで、製材歩留まり向上を目指した製品の多様化も必要になってくるだろう。丸太から製材品への歩留まりを40%台から50%台へと高めることができれば、製材工場の経営にとっては大きな意味をもつことになる。中規模工場では、水平統合や水平連携によって

特定製品への特化というのが進んできている。専門工場化していくことにより、得意とする製材品の製造ができ、生産性や品質の向上に寄与すると期待される。このような動きのなかで、住宅メーカーとの連携を図ったり、系列化したりしていくことも生じている。安定した取り引きという観点で、この傾向は続くと考えられよう。小規模零細工場については、ニッチ市場に対応していくことが必要になってこよう。スギなどの大径材が増える状況下で、台車を使って平角などを受注生産していくような方向性が重要になってくると考えられる。1990年代に「顔の見える家づくり」という動きが顕在化したが、そうした取り組みの一翼を担うことも期待される。受注生産をするなかで、川上側と川下側とが連携・協力をすることが重要になる。

このように、規模の経済や範囲の経済、企業の垂直・水平方向での統合や連携を分析することが、木材をしっかり利用する社会を作っていくうえで求められていると考えられる。

【引用・参考文献】

田島義博『流通機構の話』日本経済新聞社、1990年

徳田賢二『流通経済入門』日本経済新聞社、1997年

日刊木材新聞社『木材建材ウイクリー』1994、2013年；2225・2226、2019年

クルーグマン，P.・ウェルス，L. 著、大山道広ほか訳『クルーグマン　ミクロ経済学』東洋経済新報社、2007年

この講の理解を深めるために

(1) 日本の製材工場の特徴と近年の方向性を述べよ。
(2) 林業・木材産業の垂直統合にはどのような可能性があると考えられるか？
(3) 製材業の水平統合にはどのようなメリットがあると考えられるか？

第10講
木材の流通と貿易

第1節　木材流通

1．流通の考え方

丸太や木材製品、紙製品なども国際商品となっており、流通はグローバル化している。木材流通の仕組みはどうなっているのかを、図10-1を用いて解説していこう。ここで、M1、M2、M3は生産者、C1、C2、C3は消費者とおこう。生産者と消費者がそれぞれ直接に取り引きを行うとなると、例えばM1とC1、M1とC2、M1とC3という3通りの取り引きがあり、M2とM3も同様に考えられるので、その総数は9通りになる。

流通がつなぐ生産と消費には一定の距離があると考えられる。田島義博（1990）によると、この距離には3つ挙げられる。第1に社会的距離で生産する人と消費する人が違うこと、第2に時間的距離で生産するときと消費すると

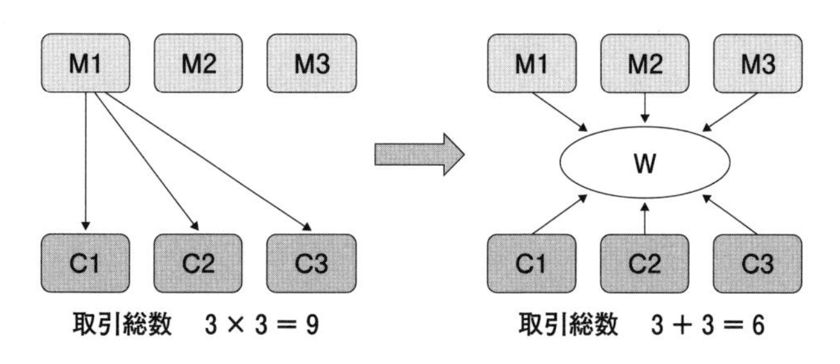

図10-1　日本の木材流通の変化
出所：田島（1990）図3-1をもとに筆者作成

きが違うこと、第３に地理的距離で生産される場所と消費される場所が違うことを指す。例えば、社会的距離や地理的距離では都市部に住む人は自ら農作物を生産することは少なく、農山村などの農家や都市部の企業が生産した野菜を購入している。時間的距離では、私たちはお米をほぼ毎日食べるが、お米が収穫されるのは基本的に秋である。そこで、何らかの形でこの間を取り持つ流通機構、図の右側にあるＷが必要になる。流通機構は卸売りと小売りから成り立つと考えられる。例えば、私たちは小売りであるスーパーに行って野菜、肉類や魚介類、飲み物を買うわけである。そうすると、M1、M2、M3はＷに商品を出荷し、C1、C2、C3はＷで商品を購入できる。そうすれば、取引総数は６通りに減ることになる。こういった流通の仕組みによって、流通の簡略化が行われる。このプロセスで個々の情報収集などの市場取引に要する取引費用が最小化され、取引総数が減少することによって社会的費用が低減する。また、流通機構において商品の集中貯蔵が行えれば、個別に在庫を抱えるよりも規模の経済がはたらいて費用が低下することにもなる。例えば、私たちは毎日食べるお米を自らの家で保管するとなると、多くの費用を要することになるのである。

２．日本の木材流通

この考え方は日本の木材流通にあてはめられる。図10-２をみてみよう。

国内では、第二次世界大戦後に製材工場の小規模さと森林所有者の小規模さから原木市売市場が設立された。「市売」とつくので、例えば毎月「３」のつ

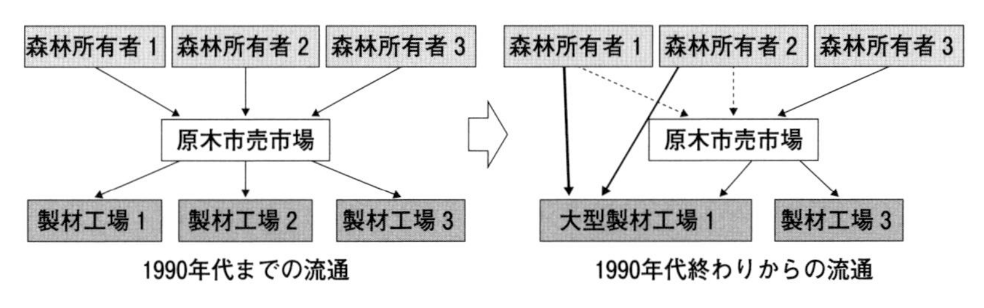

図10-２　日本の木材流通の変化

出所：筆者作成

く日（3日、13日、23日）や、毎月第2と第4の水曜日というように決まった日に市を行うからである。ここで、森林所有者の1、2、3と製材工場の1、2、3を仮定してみよう。その原木市売市場に向けて森林所有者や素材生産業者が森林で丸太（原木）を生産して出荷し、製材工場や合板工場、木材専門商社などが原木市売市場において丸太を購入するのである。その市において、多くの場合には樹種や寸法、通直性などで仕分けされた椪（はい）に対して購入希望者が入札を行い、一定の単価以上となれば最高額を入れた者が落札し、その丸太を椪ごと購入できる。入札単価が一定額を下回れば、不落となって次回の市に回されることが多い。

この原木市売市場を通じた丸太の流通が1990年代までの木材取引の大部分をなしていた。原木市売市場の機能として、集荷（丸太を集める)、集積・大量化(多くの出荷者によって丸太が多量に集まる)、選別・仕分け（丸太の樹種や太さ、長さ、通直性などで仕分ける)、在庫（購入者が市日まで丸太を置き、落札できなかった丸太はそのまま次回の市にかける)、与信（買い手に対して丸太の代金を回収するまで信用を与える)、価格形成（原木市売市場の所在する地域における市況の指標となる)、そして売り方と買い方や丸太などに関する情報集約が挙げられる。

こうした木材流通は1990年代終わりから変化がみられるようになった。そのきっかけのひとつは1994年からの「国有林の立木の安定供給システム販売（立木のシステム販売)」と考えられ、多量の丸太を消費する製材企業などでは原木市売市場を介するのではなく丸太を直接に売買するという形態が1990年代後半から拡がりをみせるようになった。特に2001年の森林・林業基本法をきっかけとして政策的後押しも加わって製材工場の規模拡大が進むのにともない、森林所有者と製材工場や合板工場とが直接に取り引きすることが増えるようになった。原木市売市場での取り引きでは手数料の支払いが発生するため、直接の取り引きによりそれを回避できることや、伐採現場から工場へ直接に輸送することにより輸送費用を低めたり、調達日数を短縮したりできることなどがメリットとして挙げられる。このような経緯から、特に大規模な製材工場などでは調達方法の多様化による安定的な丸太調達を志向し、消費する丸太の一部は直接取引で、一部は原木市売市場から購入するという形態での原木調達が拡がった。

また、安定した丸太の取り引きにつなげようと、丸太の生産者側を森林組合系統がとりまとめ、消費者側の製材工場などとの間で、原木市売市場などの市況をみながら丸太取引の協定を結ぶ形での直接取引にも拡がりがみられている。もちろん、小規模な所有者から小規模な工場へという流通ルートにも重要性はあり、2020年代には２通りの木材流通が併存している。

さらに、2010年代になってからは、製材工場などが丸太を素材として購入するのではなく立木の状態で在庫をもつという動きが拡がり出した。これは垂直的統合のひとつの形態としてとらえられ、例えば製材企業が森林を購入することにより、丸太市況をみながら丸太を原木市売市場で購入するか、自らの所有林から調達するかを選べ、丸太調達に要する可変費用を低めることが行われるようになっている。

第２節　木材貿易

１．仕組み

木材流通構造を踏まえて、日本の木材貿易の仕組みをみていこう。**図10-３**の上側に森林所有者・素材生産業者をおき、その真ん中に国内、左右に海外と

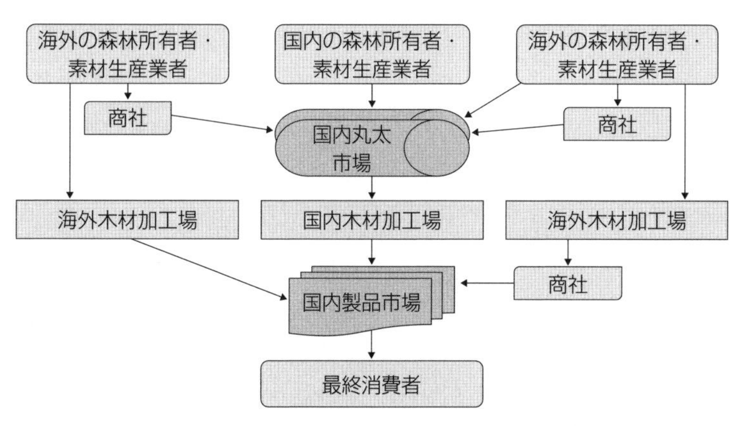

図10-３　日本の木材貿易の仕組み

出所：筆者作成

した。森林所有者が自ら生産した丸太を市場に供給する、あるいは森林所有者が立木を素材生産業者に販売し、素材生産業者がそこから生産した丸太を市場に供給する。海外でも森林所有者や素材生産業者が同様に市場に供給する。ここでの市場は原木市売市場だけではなく、広い概念でとらえて丸太そのものの取り引きを総称して国内丸太市場としている。海外からの丸太供給については、森林所有する企業などが自社有林から収穫した丸太を直接に日本に輸出することもあるが、多くは総合商社や専門商社が介在して貿易されてきた。それらの丸太は、国内丸太市場において製材工場や合板工場などの国内木材加工場が樹種や寸法、通直性などをみながら購入するかを決定する。国産材丸太の流通においても、広域化や大量化が進むなかで専門商社が取り引きを担うことが少なくない。

木材製品については、国内木材加工場において製造された製材品や合板などの製品と、海外の木材加工場から直接に輸入されてくる製品、商社を通じて日本に輸入されてくる製品があり、それらが国内製品市場に供給され、全国展開するハウスメーカーや地域密着型の工務店、大工などが需要する。一般的に最終消費者に私たち市民も含まれると考えられるが、住宅を建てたり購入したりする際に木材製品を施主が選択することは限定的であり、ハウスメーカーや工務店などの提案に沿うことが多い。一般市民が木材製品の最終需要者となるのはDIYショップなどで板材や角材を購入するような場合と考えられる。また、木材を使用した家具などを購入する際には、材料表示の産地や樹種などを確認することも少なくないだろう。このようにとらえると、最終消費者にはハウスメーカーや工務店、一般市民を含むと考えるのがよい。木材製品流通でも、広域化や大量化にともなって専門商社などが重要な役割を果たしている。

日本から外国への木材輸出においても、現地での木材需要の把握や、用いる言語の違い、資金回収などにさまざまな難しさがあることから、総合商社や専門商社を介して行われることがほとんどである。本講で紹介するように日本から丸太の輸出に増加傾向が生じており、製材品などの輸出に拡がりがみられるなかで、商社が重要な役割を果たしている。

このように、木材貿易においても商社などの流通機構の役割が一定の役割を担っている。特に流通が広域化したり大量化したりし、かつ外国との取り引きが拡大するなかで、情報収集や与信、為替リスクなどの観点で商社は優位性を有し、商取引を行う双方の主体から期待されているといえる。

2．輸入の構造

まず、丸太輸入を取り上げよう。丸太輸入の総量は、高度経済成長期に1960年の約622万㎥から1966年の2,073万㎥、1973年の4,860万㎥へ急増し、1979年まで（1975年を除く）年間4,000万㎥超が続いた。1980年代に入ると南洋材丸太輸入量の減少が顕著となって丸太輸入総量は3,000万㎥を切る水準となり、さらに1990年代には米材丸太輸入量も減少するようになり1995年に2,194万㎥、2000年の1,595万㎥と減少が続いた。減少傾向はその後も止まることはなく、2000年代半ばに1,000万㎥水準、2009年には500万㎥を下回るようになった。2010年代にも減少は止まらず、2020年代初頭には200万㎥を上回る水準にとどまっている。この50年ほどの間に丸太輸入量は20分の１に過ぎない量になったのである。

主な材種をとり、その傾向をみてみよう（図10-４）。南洋材丸太輸入量は、

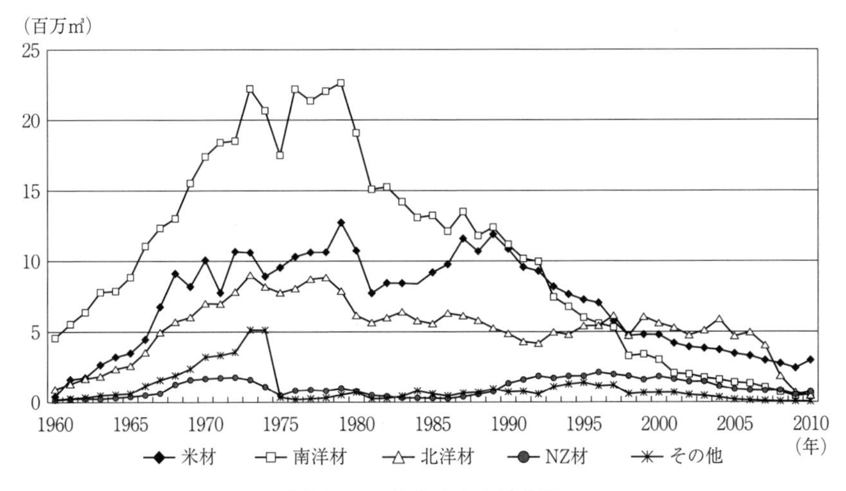

図10-４　日本の丸太輸入量

出所：財務省「貿易統計」をもとに筆者作成

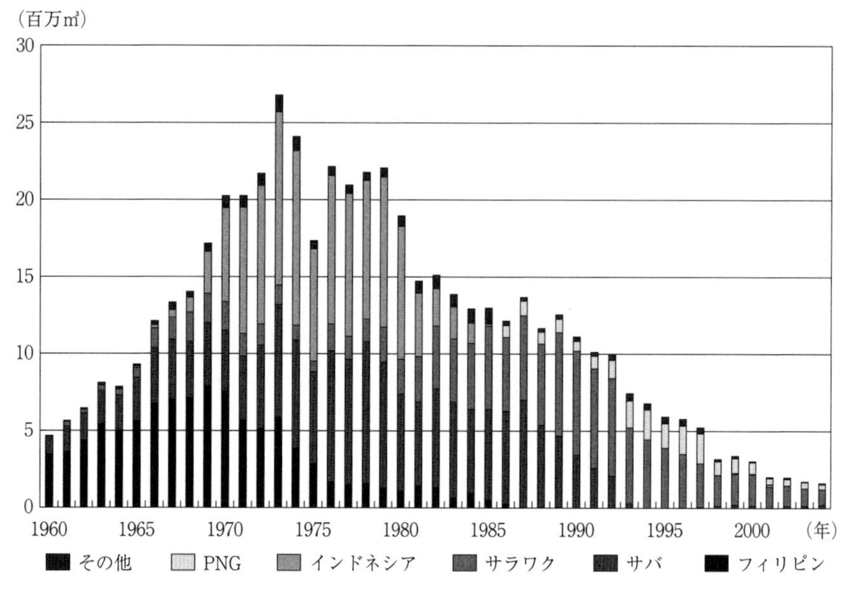

図10-5　日本の南洋材丸太輸入

出所：財務省「貿易統計」をもとに筆者作成

1960年の457万m³から1973年の2,223万m³へ急速に増加し、1979年（1975年を除く）まで年間2,000万m³超で推移した。1980年代になると1980年の1,909万m³から1990年の1,120万m³へ大幅に減少し、その傾向は継続して2000年に303万m³、2010年に55万m³と推移し、2010年代以降の輸入は少量となったために図に含めていないが、2020年に8万m³となった。**図10-5**から読みとれるように、日本の主たる南洋材丸太輸入相手は1960年代から1970年代前半にかけてフィリピン、1960年代から1990年代はじめまでマレーシア・サバ州、1960年代終わりから1980年代はじめまでインドネシア、1980年代から1990年代にかけてマレーシア・サラワク州であった。だが、フィリピンでは森林資源量の減少により1970年代に丸太輸出許可枠が設けられ、インドネシアでは合板産業の発展を図るべく、1985年に丸太輸出禁止とするまで1980年代前半に段階的な丸太輸出削減が計画的に進められた。サバ州では森林資源量の減少が顕在化して1980年代後半に森林伐採ライセンスの発給停止や丸太輸出枠の管理強化がなされ、1993年には丸太輸出が全面禁止となった。サラワク州でも、合板産業の発展を図るべく、1980年代後半に丸太輸出削減を視野に入れて州内向け丸太供給枠が設定された。こうした東南アジア諸国での動きは、森林資源量の減少とともに地域の資源ナショナリズムを強めることとなり、日本の南洋材丸太輸入量は大きく減少した。なお、合板産業は単板を繊維方向に貼り合わせる工程を有し、接着剤産業も一緒に発展させられるというメリットがある。

米国とカナダから輸入される米材丸太の輸入量は1960年に40万㎥に過ぎなかったが、1970年に1,000万㎥を超し、1979年には1,274万㎥に達した。1976年～1980年や1987年～1990年にも1,000万㎥を上回ったが、1990年代から減少傾向が顕著となり、2000年に478万㎥、2010年に298万㎥、2020年に185万㎥の輸入量となっている。米材輸入元の大部分を占める米国において、1980年代終わりから1990年代前半にかけて北西海岸地域でマダラフクロウやマダラウミスズメなどの絶滅危惧種の保護の動きが顕在化し、連邦有林や州有林での伐採制限・禁止や丸太輸出規制がとられ、日本向けの丸太輸出を減らすことにつながった。例えば、マダラフクロウは原生林（オールドグロス）に棲息するため、その保護のために伐採の制限や禁止がとれることとなり、それにともなって国内向け丸太供給が減少する分を輸出規制で補うことが行われたのである。その他にも、米国経済が好調になると住宅着工戸数が増加することから、増加する木材製品の国内需要を満たすべく輸出に仕向けられる丸太や木材製品が減少するという面もあった。

北洋材丸太輸入量も1960年の92万㎥から1973年の902万㎥へ急増し、1970年代後半に年間800万㎥を、1980年代に同600万㎥を上下する水準が続き、1990年代～2000年代前半には同400万㎥～600万㎥水準となった。だが、ロシア政府は2007年７月より針葉樹丸太輸出関税を段階的に引き上げ、国内の木材加工を促進する政策をとったため、日本の北洋材丸太輸入は2008年に187万㎥、2009年に69万㎥、2010年に45万㎥と減少し、その後にも減少傾向が続いて2020年代初頭に10万㎥に満たなくなっている。

木材製品の輸入は、丸太輸入の減少と裏腹の関係にあるといってよい。製材品などの輸入については、1960年代から米国やカナダからが主であり、1963年に100万㎥、1980年に600万㎥、1989年に1,200万㎥、1997年に1,700万㎥を超して増加してきたが、それ以降には多少の増減を繰り返して2008年に1,032万㎥となり、その後には1,000万㎥を上下して安定的に推移している。合板などの輸入量は、1986年まで（1973年を除いて）100万㎥に及ばない水準であったが、インドネシアなどの合板輸出振興策などにより1987年に233万㎥と急増し、1993年に664万㎥、1996年に842万㎥となり、2006年まではおおむね800万㎥の水準が続いた。その後にはおおむね年間400万㎥～600万㎥で推移している。このように、製材品や合板などの輸入量の推移は、輸入材が丸太から木材製品へとシフトとしてとらえられる。

また、木材チップなどについては、1972年まで緩やかに増加したものの量的に多くなかったが、ニクソンショックを契機に為替相場が固定相場制から変動相場制へ移行したことにともなう円高基調の影響もあって急増し、1973年に1,209万トンに達して以後に1,000万トンを超し、1990年にはさらに2,025万トンとなって以降に2,000万トンを大きく超過するようになった。第３講で取り上げたように、円高が進むことにより日本の製紙企業が外国で産業造林をしやすくなったということも大きかった。だが、2008年のリーマン・ショックを契機に紙需要が減少したことも起因し、2009年以降にはおおむね2,000万トンを前後する水準にある。その他に、2012年に始まった再生可能エネルギーの固定価格買取制度にともない、2010年代に入って燃料材（薪炭材）輸入が注目され、2014年の110万㎥から2022年の713万㎥へ急増している。

３．輸出の構造

日本からの丸太輸出量を図10-６にまとめた。棒グラフは輸出総量、折れ線グラフは主要な輸出相手国である。まず総量をみると、2010年代に入って増加しはじめ、前年比で減少した年はあるものの、2013年から増加傾向が表れ、2018年に110万㎥を超して2021年には146万㎥に達した。主たる相手は中国であり、2020年以降に年間100万㎥を上回っている。中国では1998年に発生した長江流域を中心とする大洪水を契機に天然林保護を打ち出し、他方で1990年代後半以降の高度経済成長を背景に旺盛な木材需要が続いている。中国に続くのが

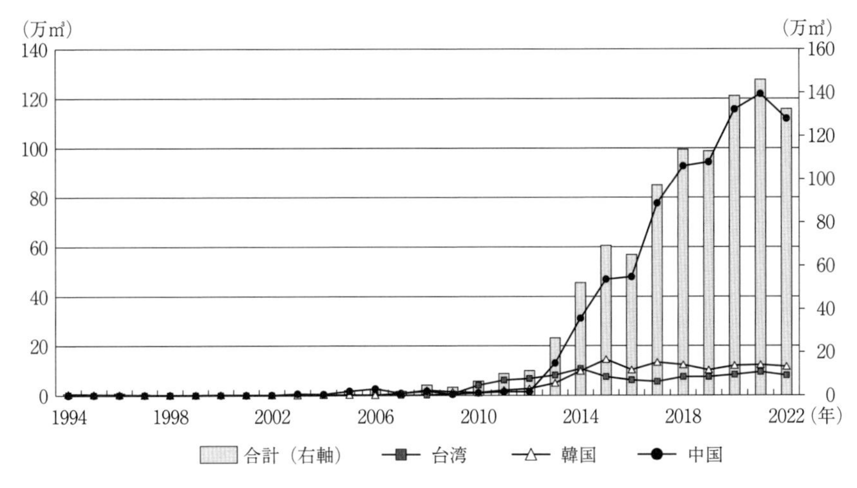

図10-6　日本の丸太輸出

出所：財務省「貿易統計」をもとに筆者作成

韓国であり、日本のヒノキ材に対する一定の需要があるといわれており、2015年以降に年間10万m³台の輸出量で安定している。自国での木材生産を禁じている台湾に対しては年間７万m³～８万m³が続いている。日本からの輸出が増えたのには、専門商社が広域集荷ネットワークをつくったり、森林組合が広域連携して輸出用の丸太を一定量集めたりする取り組みも寄与している。例えば、鹿児島県と宮崎県の４つの森林組合が連携して輸出用の丸太をまとめている。また、海外向けの規格化の取り組みも一因として挙げられる。輸出にはバルク船とコンテナ船が使われており、バルク船では量をまとめられること、コンテナ船では小口で輸出できることが利点となっている。

続いて、製材品輸出についてみていこう（**図10-7**）。棒グラフと折れ線グラフは**図10-6**と同様である。製材品輸出量は2000年代から緩やかに増加しているが、年間の輸出総量としては2021年の21万m³が最多であり、丸太に比べるとまだ少ない。相手国としては中国が最多となる年が多く、2008年～2013年にはフィリピンが中国を上回っていた。フィリピン向けに関しては、大手ハウスメーカーが太平洋ベルトにある製材工場から製材品をフィリピンに輸出し、フィリピンでプレカットしてから日本に再輸入することを行っており、国内の

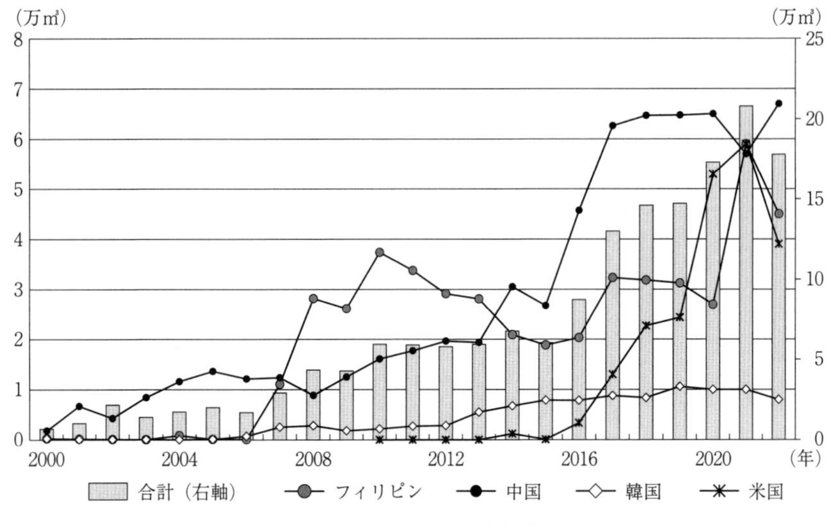

図10-7　日本の丸太輸出

出所：財務省「貿易統計」をもとに筆者作成

住宅着工戸数の変化によって輸出量が変わっていると考えられる。また、近年は米国向けが増加していることが注目される。これは、中国から米国に輸出されていた製材品に代わって国内製材企業が米国輸出を増やしているという面がある。トランプ大統領の政権下で米国と中国との貿易摩擦が深刻化し、それにともない両国の製材品貿易が減ったことが背景にある。

この他に、近年に合板輸出量にも増加がみられるようになった。針葉樹材を使用した厚物構造用合板は広葉樹材の合板よりも軽量であるため、外国でも受け入れるところが出てきている。このことは、輸出相手になり得る国や地域において、現地での需要動向を把握し、輸出に取り組むことが重要なことを示しているといえよう。

4．おもな地域経済連携・自由貿易協定と日本の輸入関税

国際貿易の観点から日本が木材流通・木材貿易でどのような状況に置かれているかをまず説明しよう。

2023年7月現在、日本は24ヵ国・地域と21の経済連携協定（EPA・FTA）を

締結している。これらの締結による経済圏が貿易総額に占める割合は77.7%、交渉段階にある相手国を含めると貿易総額の86.2%に達する。自由貿易化の方向はかなり進んできたといえる。ここで、RCEP（東アジア地域包括的経済連携）を例にとると、ASEANの10ヵ国とその他5ヵ国（日本、中国、韓国、オーストラリア、ニュージーランド）が含まれる。RCEPの合計は2019年の人口で22.7億人、GDPで25.8兆米ドル、貿易総額（輸出）で5.5兆米ドルと、それぞれ世界全体の3割を占める規模である。TPP11（環太平洋パートナーシップ）にはRCEPの一部の国々（日本、マレーシア、シンガポール、ブルネイ、ベトナム、オーストラリア、ニュージーランド）とカナダ、ペルー、チリ、メキシコを含む。輸出関税や輸入関税を課すことは、自国の産業を保護することにもつながるため、TPPなどの枠組みにおいて税率を下げる、無税にするという方向での議論がなされている。

ここで、木材輸入の関税を紹介しよう。国際貿易の対象となる商品について、「商品の名称及び分類についての統一システム（Harmonized Commodity Description and Coding System）に関する国際条約（HS条約）」にもとづいて定められたコード番号をHSコードという。丸太（HS4403）のうち、日本では輸入関税が課せられるのは桐だけで、2023年4月1日現在で基本税率5%となっている。丸太そのものの輸入は自由化されているといえる。製材品では、例えば「松（マツ属のもの）のもの」や「もみ（モミ属のもの）又はとうひ（トウヒ属のもの）のもの」のうち「かんながけし又はやすりがけしたもの」に8%の輸入関税が課せられている。ここで挙げた製材品は、カナダで製材されるSPF（スプルース、パイン、ファー）製材品が該当し、枠組壁工法（ツーバイフォー工法）に使用される。その他にも、単板（HS4408）やパーティクルボード（HS4410）、合板（HS4412）などにも数%～10数%の関税がかけられている。

第3節　世界的にみた木材貿易

1．林産物の生産量と輸出量

表10-1を用いて世界の林産物生産量と輸出量のトレンドをみていこう。丸

表10-1　世界における林産物の生産量と輸出量

生産物	単位	生産 2020年	生産 対変化率 2017年	生産 対変化率 2000年	生産 対変化率 1980年	輸出 2020年	輸出 対変化率 2017年	輸出 対変化率 2000年	輸出 対変化率 1980年
丸太	100万㎥	3,912	-1%	12%	25%	140	-2%	19%	50%
薪炭材	100万㎥	1,928	-1%	7%	15%	6	-15%	79%	
産業用丸太	100万㎥	1,984	-2%	17%	37%	134	-1%	17%	43%
木質ペレット	100万トン	50	3%			31	6%		
製材品	100万㎥	473	-3%	23%	12%	153	-3%	34%	118%
木質パネル	100万㎥	367	-1%	107%	280%	88	-2%	67%	490%
合板	100万㎥	118	2%	103%	200%	28	-6%	60%	326%
木質ボード	100万㎥	250	-2%	109%	335%	60	0%	71%	622%
木材パルプ	100万トン	186	-2%	9%	48%	69	1%	80%	226%
他の繊維パルプ	100万トン	11	-1%	-26%	55%	0.4	7%	15%	79%
故紙	100万トン	229	-1%	59%	352%	45	-8%	83%	716%
紙・板紙	100万トン	401	-1%	24%	137%	111	-2%	13%	218%
林産物価額	10億ドル					244	-10%	68%	331%

注：木質ボードは削片板（PB）、OSB、繊維板（FB）
出所：FAOSTAT-Forestry databaseをもとに筆者作成

太合計を例にとると、生産量は2020年に39億1,200万㎥であり、1980年と比べると25%、2000年と比べると12%増え、2017年と比べると１%減っていることが示されている。丸太生産量は増加傾向が続いており、生産量内訳では産業用丸太と薪炭材が半々であり、薪炭材も多いことがわかる。2020年の丸太輸出量は1.4億㎥であり、生産量に占める割合は少なく、薪炭材の輸出量が多くなっている。世界人口の増加が続くなかで木材需要は今後も減ることは考えにくく、第２講で指摘したように天然林から人工林への転換や早生樹への期待が高まる。

製材品は2020年に４億7,300万㎥の生産量であり、そのうち約３割が輸出されている。製材品は輸出品としての特徴があるといえる。1980年や2000年と比べた変化としても生産量の伸びはそれほど高くないが、輸出量の伸びは相対的に大きくなっている。木質パネルは合板と木質ボードに分けられており、総量としては2020年に生産量の２割程度が輸出に向けられた。1980年と2000年に比べて、2020年には合板も木質ボードも生産量ならびに輸出量の増加率が高かったことがわかる。木材パルプと紙・板紙では、2020年の数量は1980年に比べて生産量も輸出量も大きく伸びているが、2000年比では際立つ伸びとはなっていない。故紙では生産量も輸出量も高い増加率となっており、特に1980年比の増加率は顕著となっている。その理由のひとつには中国が経済発展の過程で故紙の生産や輸入を増やしたことを指摘できる。

このように、世界の木材貿易の対象は丸太から加工度の高い木材製品へシフトしていると考えられる。長期的な動向については、資源量賦存や技術水準の変化、政治・経済の国際的な関係性などからとらえていくことが重要となる。

2．違法な森林伐採や木材貿易の排除

木材流通や木材貿易を考えるうえで、違法な森林伐採や木材取引をどう排除するか、どのように森林管理や木材利用の持続性を高めるかが喫緊の課題となっている。それは、森林地帯に暮らす住民や社会にとっても、第４講で取り上げた地球温暖化対策としても重要であることから、ここで紹介しよう。

違法な森林伐採や木材取引に関する取り組みは、1998年のＧ８外相会合の森林行動プログラムに違法伐採問題への取り組みが明記されて具体化していった。国際環境 NGO がこの問題を取り上げ、違法な森林伐採が行われている国の把握や、欧州などの輸入国における違法伐採材輸入量に関するレポートが出された。それに対して、欧州連合（EU）では EU 行動計画として「森林法の施行、ガバナンス、貿易（FLEGT）」を2003年に公表し、木材輸出国と自主的二国間協定を結んで EU へ輸入される木材が合法であることを保障する取り組みを進めるなどをした。その後にも、米国は野生生物保護を目的とするレイシー法を木材も対象として2008年に改正し、EU は欧州木材規則（EU Timber Regulation）を2013年に発効させて取り組んでいる。日本でも、2006年２月に「国等による環境物品等の調達の推進等に関する法律」（グリーン購入法）が改正されて公共調達における木材の取り扱いの林野庁ガイドラインが含まれ、2017年５月には「合法伐採木材等の流通及び利用の促進に関する法律」（クリーンウッド法）が施行されて民間部門での木材取引も対象として、違法な森林伐採や木材取引を減らすための取り組みがなされている。

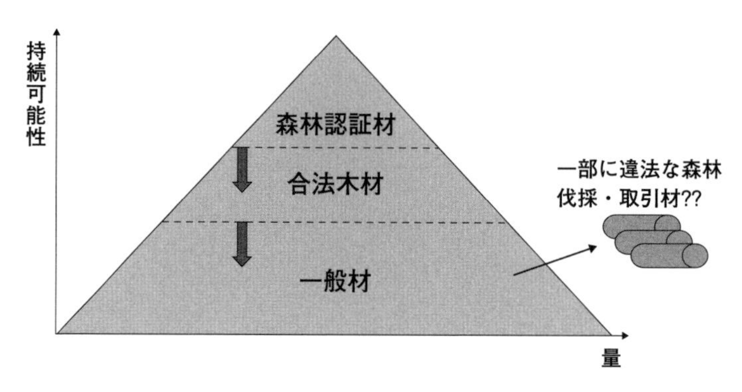

図10-8　違法な森林伐採や木材貿易の排除

出所：筆者作成

どのような方向性が求められるかを筆者なりに示してみよう。模式的に縦軸に森林の持続可能性、横軸に木材の取り扱い数量をとって図10-8を作成した。三角形の下側が一般材、その上が合法木材、さらに上が森林認証材である。森林認証材とは、法令遵守かつ基準・指標にもとづき第三者審査により持続可能性が認証された木材である。木材製品になると、世界の2大森林認証スキームであるFSCやPEFCのラベリングがされていることが多い。合法木材とは、上記のような法令遵守による認証・明示であり、持続可能性に関する基準・指標を明示的に含むものではない。一般材に含まれる可能性のある違法な森林伐採あるいは違法な木材取引をいかにして排除するかが国際貿易において重要になっている。

第4節　木材貿易の分析例

1．生産可能性フロンティアと技術

図10-9は生産可能性フロンティア（生産可能性曲線）と技術革新にともなうその変化を示すものである。内側の曲線が技術革新前、外側の曲線が技術革新後を想定し、例示的に横軸に米の生産量、縦軸に木材生産量をとっている。ある一定期間をとり、固定された広さの土地を使って米を生産するか、木材を生産するかの1国2財モデルを考える。生産要素として労働力をどちらかの生産

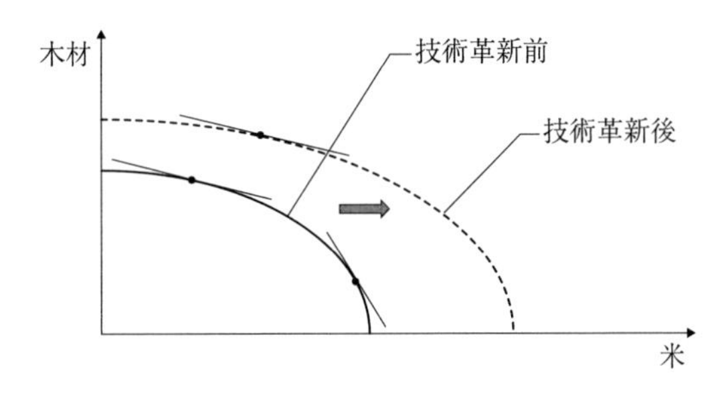

図10-9　生産可能性フロンティアと技術革新の例

出所：筆者作成

に割り振りすることになる。労働力を使いきったときに米と木材がどのくらい生産できるかという資源配分の問題であり、米も木材も同時にこれ以上増やすことができない状態となる。技術革新前の曲線を対象としたときに、生産可能性フロンティアの外側は投入要素のもとでは達成不可能であり、その内側は労働力を使いきっていない状態で非効率な資源配分となる。

米だけを生産する場合を考えると、土地面積を固定して労働投入量を増やしていくと、はじめのうちは労働力として１人を追加することにより増える生産量はより大きいが、労働力が多くなっていくと１人の追加による生産量の増加は少なくなっていく（限界生産力逓減）。これは木材の生産にしても同様となる。ここでは労働力を使いきるので、米の生産を増やすのに木材の生産を減らす、あるいは木材の生産を増やすのにコメの生産を減らすというトレードオフが発生することになる。言い換えるならば、労働投入１単位を米生産から木材生産に振り替えたときに、米生産量（単価をかけるとコメ販売額）をあきらめる必要が生じることになり、この選択を機会費用としてとらえる。

上述のように生産可能性フロンティアは、存在するすべての労働力を投入して実現可能なコメと木材の生産量の組み合わせである。生産可能性フロンティアに引いた接線の傾きは米生産の機会費用、つまり１単位のコメの生産をするためにあきらめなければならない木材の生産量となる。限界生産力逓減を考えているため、米の機会費用は米生産量の増加とともに大きくなる。この接線の傾きは限界変形率ともいう。この機会費用と、米と木材との相対価格との関係によって生産の組み合わせが決まる。木材を例にとると、木材の相対価格が木材の機会費用よりも大きければ木材の生産量を増やす方が生産者にとって得であり、逆の関係ではコメの生産量を増やす方が得となる。つまり、木材の相対価格と機会費用とが同じになる組み合わせで生産活動を行うのである。

また、中長期的には生産技術の進歩や革新が生じる。例えば、高性能な機械や新たな種、新たな苗木が開発されて、それを導入するような場合であり、生産効率の高まりによって生産可能性フロンティアは図のように外側にシフトする。したがって、生産要素投入と生産量との関係を分析する際には短期と長期とを分けることが大事になる。

2．比較優位

生産技術は国によって異なることから、２つの財の相対価格は国によって異なることになる。図10-９にあてはめると、生産可能性フロンティアの形状が、横に長めの曲線だったり縦に長めの曲線だったりするのである。相対的にみて、それぞれに得意とする財があると理解すればよい。また、需要の仕方も国によって異なる。消費から得られる満足度を表す無差別曲線（第５講参照）の形状は異なり、貿易がない場合には生産可能性曲線と無差別曲線が接する点で生産と消費が行われる。このときには、限界変形率と限界代替率と相対価格とが等しくなる。だが、貿易が成り立つ場合には、国際相対価格は２国の相対価格の間で決まり、そのもとで相対的に得意とする（比較優位のある）財に特化して生産を行い、相互に貿易しあうことにより、より多くの消費量の組み合わせができ、満足度が高まることになるのである。

比較優位は何によってもたらされるのであろうか。小宮・天野（1977）を参考に筆者なりに整理すると、第１に、地理的決定要因からなる天然資源の賦存量である。国内においても、地理的条件や気候条件から、りんご生産に向く地域もあればみかん生産に向く地域もある。林業でいうならば、ヒノキに向く地域もあればカラマツに向く地域もある。また、土地の肥沃度がよくて森林の成長が早いならば、より林業生産に適することになる。第２に、物的資本や人的資本のような取得した資源の存在量である。例えば、ある国で高性能林業機械が開発されれば、木材生産においてより生産性を高め、比較優位をもつだろう。国内で開校が増えている林業大学校や農林大学校で知識や技術を身に着けた人材は木材生産の効率を高められるだろう。第3に、科学技術上の優位性を含む優れた知識である。自国における科学技術の進歩や相対的優位性によって、人材育成や技術開発の進展によって自国の森林管理や林業活動をより高度に行える状態にしていけるだろう。第4に、特化による生産性の向上である。生産可能性フロンティアを念頭において、相対的に生産効率のよい財に特化することにより、より生産性が向上すると考えられる。

日本林業は比較劣位という認識が国内にあったが、第8講で述べたように人工林資源が伐期に達し、林内路網の拡充や高性能林業機械の導入が進み、林業を担う人材育成も拡がりをみせ、さらに第9講のように製材工場などの大規模化がみられるなかで、劣位を優位に変えていくチャンスが到来しているとも考えられる。そして、10年〜20年先に日本の林業や木材産業が発展を成し遂げ、日本は木材輸出を増やしている可能性もあると期待したい。

【引用・参考文献】

伊藤元重・大山道広『国際貿易』岩波書店、1998年
浦田秀次郎『国際経済学入門』日本経済新聞社、1997年
小宮隆太郎・天野明弘『国際経済学』岩波書店、1977年
森林総合研究所編『森林・林業・木材産業の将来予測』J-FIC、2006年
森林総合研究所編『改訂　森林・林業・木材産業の将来予測』J-FIC、2012年
田島義博『流通機構の話』日本経済新聞社、1990年
徳田賢二『流通経済入門』日本経済新聞社、1997年
古沢泰治『国際経済学入門』新世社、2022年

この講の理解を深めるために

(1) 日本国内の木材流通は1990年代終わりを前後してどのように変わったと考えられるか？
(2) 世界の木材貿易は1990年代以降にどのように変化し、貿易を行ううえで何が重要課題となっていると考えられるか？
(3) 比較優位をもたらす要因を踏まえた日本の木材貿易の方向性をどう考えるか？

第11講
木材利用と建築

第1節　住宅と木材利用

1．派生需要と生産要素

前講まで解説してきたように、木材利用において建築資材が重要である。そこで、持続可能な社会や循環型社会の実現に向けて、木材利用と建築との関係を取り上げてみていこう。まず、クルーグマン・ウェルス（2007）を参照しながら、生産要素の説明からはじめよう。本書でたびたび取り上げたように、生産要素は労働と土地と資本からなり、繰り返し提供して継続的に所得を稼ぐものである。生産要素は「永続的な所得の源泉」と表現される。生産過程で使い尽くされる電力や材料（木材や布など）は投入物であり、生産要素とは異なり「将来所得をもたらすことはない」。３つの生産要素と投入物によって生産がなされるのである。生産要素のうち労働の代価は賃金であり、土地の代価は地代、資本の代価は利子ないし利潤である。資本は物的資本と人的資本に分けてとらえられ、前者に工場のような建物や機械があり、後者は労働者に体化された教育や知識が産み出す労働生産性の改善を指す。また、生産要素には限りがあることから、稀少性を有する特徴がある。

企業は、要素市場において生産に必要な生産要素を購入する。企業による生産量の選択の結果として、生産量が増加することにより生産要素に派生需要が生まれる。また、多くの労働者が要素市場を通じて所得の多くを得ていることも特徴である。ここで、住宅メーカーを例にとるならば、住宅建築量が増えると生産要素に派生需要が生じるとともに、建築における投入物となる木材製品も増えることになる。それは、木材製品の供給元となる木材産業において、丸太などの投入物への需要増加として派生していく。木材産業においては労働と資本と土地という生産要素に、投入物として丸太が投入されて木材製品が製造され、さらにそれが建築物に投入されるという関係にある。

2．新設住宅着工

木材の最大の需要先である住宅を取り上げよう。**図11-1**は、高度経済成長期以降2022年までの新設住宅着工戸数と新設住宅着工床面積の推移を示したものである。新設住宅着工戸数は1950年代後半の年間30万戸水準から1973年の190万戸超まで著しく増加し、新設住宅着工床面積もこの間に年間1,500万㎡～2,200万㎡から1.5億㎡近くまで拡大した。高度経済成長期には太平洋ベルトを中心として製造業が発展し、工業化の中で東北地方や山陰地方をはじめとする農山村から太平洋ベルトに人口移動があり、それにより住宅需要が急増したた

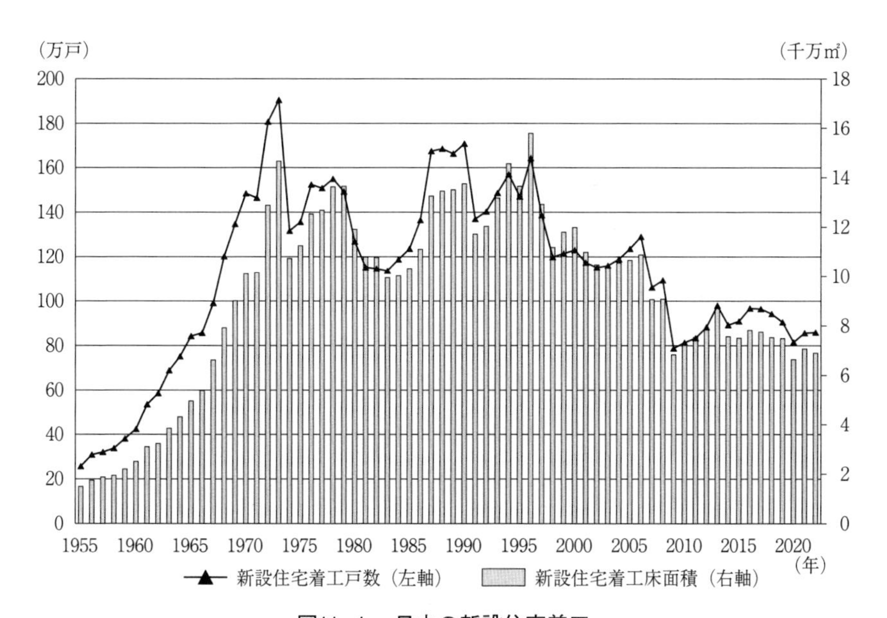

図11-1　日本の新設住宅着工

出所：国土交通省「建築着工統計」をもとに筆者作成

めである。例えば、北東北地方では冬場に京浜工業地帯に出稼ぎに行き、夏場には地元に帰って農作業をするという生活様式がみられた。山陰地方では、挙家離村といわれるように住まいを阪神工業地帯や瀬戸内工業地帯へ移すことが行われた。出稼ぎでも挙家離村でも、太平洋ベルトに新たな住宅が必要となったのである。1968年に120万戸に達した新設住宅着工戸数は、以後に2008年まで年間100万戸を超す量が続くことになった。

第7講で説明したように、1970年代に第1次オイルショックと第2次オイルショックがあり、年々で新設住宅着工量は少なからず増減したあと、1980年代前半に経済成長率が低下するとともに新設住宅着工量は減少した。だが、1980年代後半にバブル景気になると投機目的も加わって住宅需要が増大し、1987〜1990年には年間170万戸を上下する着工戸数の水準が続いた。バブル景気の後には年間140〜150万戸程度の新設住宅着工戸数となり、1995年1月に発生した阪神・淡路大震災の翌年の1996年には164万戸に達したが、アジア通貨危機などの影響もあり、その後には増減を繰り返しながらも2000年代まで傾向的に減少した。そして、リーマンショック後の2009年以降に新設住宅着工戸数は年間100万戸を下回るようになり、2010年代におおむね90万戸を上下する水準、2020年代には80万戸を上回る水準となっている。新設住宅着工床面積も2007年に1億㎡を下回り、2010年代以降にはおおむね7千万㎡台となっている。

新設住宅の1戸あたり床面積を計算してみると、1950年の52㎡、1970年の68㎡、1990年の81㎡、2000年の98㎡、2010年の90㎡、2020年の82㎡と推移している。木造住宅でもその面積は1990年の99.5㎡から2000年の116.1㎡に拡大し、近年は95㎡程度となっている。1990年代まで住宅の広さが拡大する方向にあったが、2000年代以降には縮小傾向があらわれている。

なお、『国土交通白書2021』によると、1995年1月17日に発生した阪神・淡路大震災では「現在の耐震基準（新耐震基準）を満たさない昭和56年以前の建物に被害が集中して」おり、直後に制定された建築物の耐震改修の促進に関する法律（耐震改修促進法）により「新耐震基準を満たさない建築物の耐震化が促進され」ることとなった。

1990年以降の新設住宅着工戸数に対する木造率を**図11-2**でみてみよう。木

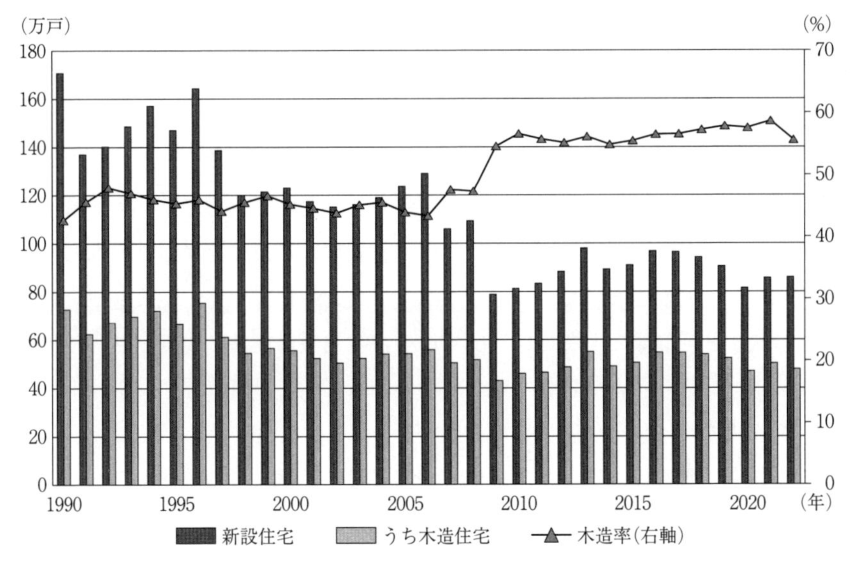

図11-2　新設住宅着工戸数と木造率

出所：国土交通省「建築着工統計」をもとに筆者作成

造住宅着工戸数は1990年代前半におおむね年間70万戸程度であったが、1990年代後半に50万戸台となり、その後もおおむね50万戸を上下して推移している。また、新設住宅着工戸数に占める木造住宅戸数の割合（木造率）を計算すると、1990年代から2008年までは40％台であったが、2009年以降に55％前後に高まり、2020年辺りには58％となった。この推移を踏まえると、住宅着工全体が1990年代後半から減少傾向となったなかで、木造住宅着工は堅調に推移しているといえよう。日本木材総合情報センター（2014）によると、木造住宅の木材使用量は1戸あたり約20㎥であり、住宅の木造率の上昇や1戸あたりの木材使用量の増加があれば木材利用量は増加することになる。

3．木材利用を巡る歴史的経緯

木材利用のトレンドはどうなっているのであろうか。そのことを木材利用に関する政策などに関連づけてみていこう。

第二次世界大戦後、木材利用を抑制する方向へとさまざまな動きがあった。

林野庁『森林・林業白書平成23年版』によると、1950年4月に「都市建築物の不燃化の促進に関する決議」が衆議院で可決され、1955年1月には「木材資源利用合理化方策（抄）」が閣議決定されて、建築物の非木造化が進められた。また、伊勢湾台風による甚大な被害を背景として、日本建築学会が建築物の火災や風水害の防止を目的に1959年に「建築防災に関する決議」で「木造禁止」を提起した。このように、1950年代には木材利用、特に建築における木材利用を抑制する方向が強まった。

その後の住宅政策としては、1966年に「住宅建設計画法」が制定され、1960年代後半～1970年代前半に住宅難の解消を図って「1世帯1住宅」や「1人1室」を実現すべく住宅供給量の増加が推進された。1960年代に多くの住宅メーカーが設立された。1970年代半ばから1990年代までは「量の確保から質の確保へ」という変化があった。具体的には、住宅建設5ヵ年計画において、最低居住水準以下居住の割合を半減させること（1978年）、ほぼ半数の世帯に平均居住水準を確保すること（1983年）、最低居住水準未満世帯を全国で1割未満にすること（1988年）、約半数の世帯において誘導居住水準を達成すること（1998年）が掲げられた。1980年代になると住宅の販売拠点やモデルハウスが拡充され、岐阜県の加子母地域などでは産直住宅の取り組みも展開しはじめるようになり、1990年代には地域材住宅への注目も拡大した。1990年代になると、人工乾燥された製材品や集成材、機械プレカットが普及していった。そして、1990年代終わりからはストック重視へと変化し、住宅に求められる基本性能の指針として住宅性能水準が設定されることとなった。

このような経緯のもとで、地球温暖化の深刻化の対策として京都議定書が1997年に批准、2005年に発効されることにより、木材利用が見直され、木造住宅の重要性も認識されることとなった。1998年の「建築基準法」改正によって技術基準の性能規定化が進められることとなり、1999年制定の「住宅の品質確保の促進等に関する法律」（品確法）の施行を契機に2000年から住宅性能表示制度がはじまり、構造耐力上主要な部分の使用部材が対象となった（工法は対象外）。また、2006年6月に公布・施行された住生活基本法にもとづく住生活基本計画が全国計画として策定され、その基本施策のひとつとして「良質な住宅の生産・供給体制及び住宅の適正な管理体制を確立する観点から、技術開発、建材等の標準化、技能者の育成等による木造住宅に関する伝統的な技術の継承・発展、地域材を活用した木造住宅の生産体制の整備等を推進する」ことが明記された。つまり、住宅建築を見直す方向のなかで木造住宅の生産体制の整備などが推進されることになったのである。さらに、2008年12月に「長期優良住宅の普及の促進に関する法律」が公布され、建築物を壊しては造るというフロー社会から長寿命化によるストック社会へという方向性がとられることになった。

また、2010年に「公共建築物等における木材の利用の促進に関する法律」が制定され、公共建築物における木材利用が促されることになった。それにより、公共建築物の床面積ベースの木造率は2010年度の8.3%から2020年度の13.9%へ、低層の公共建築物では同順に17.9%から29.7%へ上昇した。他方で、建築物全体の木造率は41%～44%と際立った上昇がみられないこともあり、この法律は2021年に改正されて「脱炭素社会の実現に資する等のための建築物等における木材の利用の促進に関する法律」となって建築物一般に拡大された。あわせて農林水産省に木材利用促進本部が設置され、建築物における木材利用の促進への取り組みが民間にも拡張される形で展開しはじめている。

第2節　日本の住宅事情

1．滅失住宅の平均築後経過年数

日本の住宅は、どれくらいの年数で利用されるのであろうか。一定期間に取り壊された住宅（滅失住宅）の平均築後年数を**図11-3**でみると、2013～2018年を対象にして日本は38.2年、米国が55.9年、英国が78.8年となっている。日本に対して米国は約1.5倍、英国は約2.1倍の長さであり、日本の住宅は取り壊されるまでの年数が短い。日本の滅失住宅の平均築後経過年数を時系列で比較すると、1998年～2003年に30.0年、2003年～2008年に27.0年、2008年～2013年に32.1年となっており、住宅を長期に使用するという政策的な取り組みもあって2010年代に伸びはじめているといえそうである。地域別では東京が、形態で

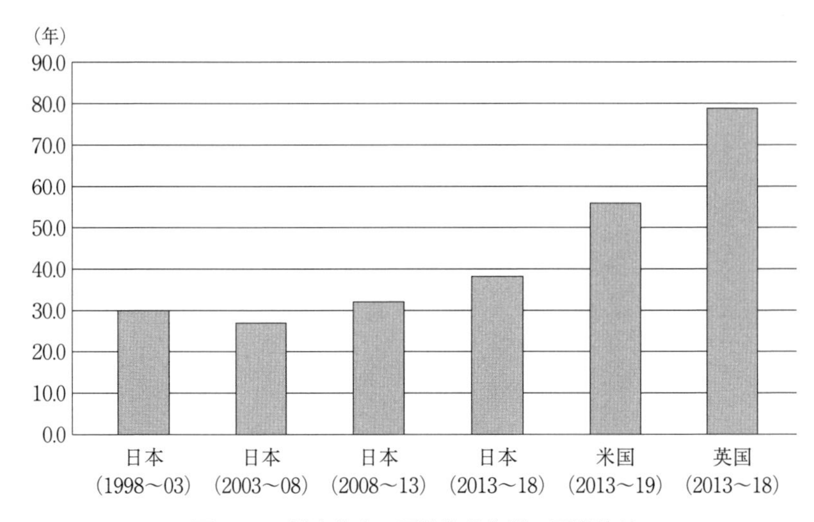

図11-3　滅失住宅の平均築後年数の国際比較

注：当該期間に取り壊された住宅の平均築後年数
出所：国土交通省「住宅経済データ集」をもとに筆者作成

は共同住宅の滅失スピードが速くなっており、都市部を中心として共同住宅が比較的早期に取り壊されていると考えられる。

国土交通省「住宅経済データ集」を引用して、既存住宅取引戸数と新設住宅着工戸数の和を分母におき、分子に既存住宅取引戸数をとって計算した既存住宅の流通シェアを国際比較してみよう。日本のその値が14.5%なのに対して、米国は79.3%、英国（イングランド）は91.4%、フランスが75.0%であり、欧米に比較して日本では既存住宅取引戸数が際立って低くなっている。

このことに関して、米山（2011）は住宅供給・流通の日米の違いについて**図11-4**を用いて説明している。使い捨てモデルといわれる日本型では、新築の時点で不十分な基本性能であり、それに十分なメンテナンスが行われないことから、流通市場での評価は土地のみとなり、売買の対象となるのも土地のみとなる。他方、循環モデルの米国型では、新築の時点で十分な基本性能が確保されており、それに適切なメンテナンスが行われて履歴情報も備わることから、流通市場において高い評価を得ている。高い評価を得られれば転売して売却益を手にできることになるため、既存住宅の取引戸数も多くなるわけである。既

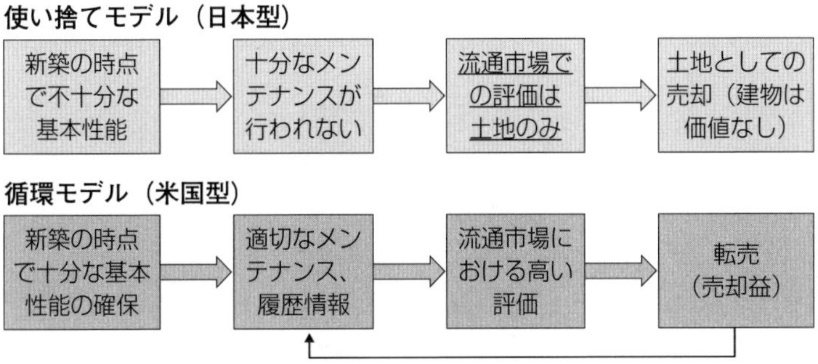

使い捨てモデル（日本型）

新築の時点で不十分な基本性能 → 十分なメンテナンスが行われない → 流通市場での評価は土地のみ → 土地としての売却（建物は価値なし）

循環モデル（米国型）

新築の時点で十分な基本性能の確保 → 適切なメンテナンス、履歴情報 → 流通市場における高い評価 → 転売（売却益）

図11-4　住宅供給・流通における日米の違い

出所：米山（2011）図表1-06をもとに筆者作成

述の性能規定化は、このような状況を踏まえて導入されたといえる。

2．住宅ストック

図11-5にもとづいて、2018年9月時点の6つの建築年代別に住宅ストック総数をみていこう。直近データでは、2018年9月時点までで持家（戸建）が全体の49%、借家（戸建）が2%、借家（共同）が36%、分譲マンションが13%であり、持家（戸建）がほぼ半分を占めて多くなっている。

建築年代には、古い方から437.2万戸、722.9万戸、895.4万戸、1,061.5万戸、984.7万戸、670.3万戸のストックとなっており、それぞれ全数の9%、15%、19%、22%、21%、14%という構成である。1981年に建築基準法が改正されて耐震基準が強化される前の住宅は全数の24%を占め、その内訳は持家（戸建）のうち31%、借家（戸建）のうち46%、借家（共同）のうち15%、分譲マンションのうち15%であり、借家（戸建）が際立って高く、借家（共同）やマンションの割合が相対的に低くなっている。これらについては、新耐震基準にもとづく耐震化の促進が喫緊の課題といえる。この時期区分のなかでは、持家（戸建）が1991年～2000年、借家（戸建）が1971年～1980年、借家（共同）が1991年～2000年、分譲マンションが2001年～2010年に最多となっており、借家（共同）やマンションに古いものは少ないなどの時期による差異が見受けられる。特に分譲マンションの部分が2000年代まで増えていることがわかる。

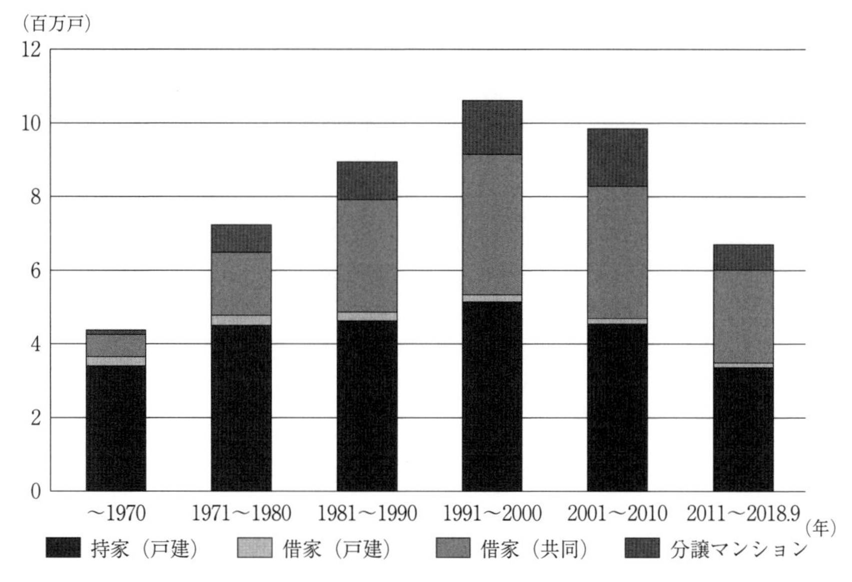

図11-5　建築年代別の住宅ストック総数

出所：総務省「平成30年住宅・土地統計調査」をもとに筆者作成

住宅総数に占める空き家の割合は、1968年の4.0%から1988年の9.4%、2008年の13.1%へと上昇が続き、2018年に13.6%となっている。2018年の空き家の戸数は848.9万戸に達している。空き家をどう活用していくかは、資源利用という面のみならず、防災という観点からも待ったなしの課題といえよう。また、1世帯あたりの戸数は1968年の1.01から1988年の1.11、2008年の1.15と少しずつ増え、2018年には1.16となっている。

第3節　住宅市場の分析例

1．情報の非対称性

欧米のように住宅を長期にわたって使用することは、資源の枯渇性への対処を考えるうえでも住まい手の可処分所得を考えるうえでも、ますます重要になると考えられる。そこで、買い手と売り手の有する情報という観点で分析することを試みよう。

まず、買い手と売り手は同等の情報をもっているだろうか。例えば、中古車市場で中古車を売却したいと考えている人と、中古車を購入したいと考えている人とは同じ量、同じ質の情報をもち得るだろうか。あるいは、保険市場で自動車保険に入ろうとする人と、自動車保険の購入者を増やしたい保険会社とではどうだろうか。両者の関係は、「非対称情報の経済学」あるいは「情報の非対称性の経済学」で取り上げられる。

中古車市場を例にとると、車の所有者としてその車に乗っていた人は、その車がどういった性能や特徴があるのか、故障歴や事故歴はあるのかをよく知っている。他方で、購入したい人は、中古車販売店で説明を受けた分は知りえても、その他のことを把握することはなかなかできない。あるいは、保険市場でも自動車保険に入ろうとする人が、どのような性癖があるのかを自分ではだいたいわかっていても、保険を売りたい側からはどういう人なのかを深く知ることはできない。把握できるのは年齢や性別や職業であり、車を運転するときの癖まではたどりつけないだろう。このように、買い手と売り手のもつ情報には乖離があることが市場としての大きな問題となり得るのである。非対称情報の経済学では２つの問題が挙げられる。１つ目が隠れたタイプの問題で「逆選択」、２つ目は隠れた行動の問題で「モラルハザード」である。

逆選択の問題について、経済学者アカロフが1970年に発表した研究で中古車市場を取り上げている。不完全情報あるいは非対称情報のもとで、市場で良いものが「良い」と評価されずに悪いものだけが市場に残り、市場は失敗するという逆選択である。**図11-6**に示すように、中古車の売り手は車の性能の情報をもっており、市場に出される中古車の平均性能に見合う対価としてp_0が決まる。このときに、それよりも性能の劣る中古車（価格が安い中古車）をもっている人はこの市場に車を売りに出す。例えば、p_0＝50万円という価格がついているのに対して、自分の車の性能からみて55万円で売れると考えている人は売りに出さないだろう。他方、自らの中古車の性能を40万円や45万円と見積もっている人は売りに出すにちがいない。市場で決定される50万円の価格に対して、それよりも低い性能の車は市場に出され、性能の高い車は出されないということが生じるようになる。購入する側は、50万円という平均性能を期待し

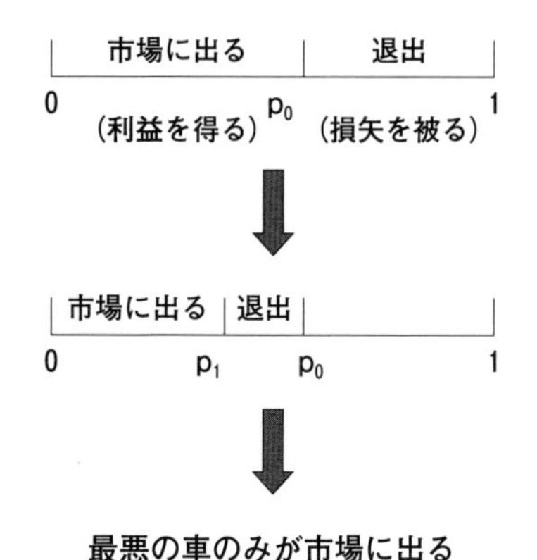

図11-6　中古車市場にみる情報の非対称性
出所：藪下（2002）第３章をもとに筆者作成

たのに対して、非対称情報のもとでそれよりも性能の低い車を手にすることになる。さらに、買い手としては p_0 より低い p_1 の価格を最終的には考えるだろう。このように、だんだんに中古車市場は小さくなり、最悪な車（レモン）のみが市場に出てくるようになってしまう。

モラルハザードの問題は、保険市場に適用される。保険加入によって不注意になったりスピードを出しがちになったりする人は、事故を起こす確率が平均的な人よりも高くなるだろう。ところが、保険会社の担当者はそうしたことを把握するのは困難であり、平均的なリスクの人を基準に年齢や性別や職業などに依拠して保険商品を説明し、保険契約を結ぶことになる。この状況下で保険加入した人が事故を起こすことになれば、結果的に保険会社は保険金を支払うことが多くなり、損失を被ることになるのである。そうなると、平均的な人も保険料率が高くなり、保険料の支払いが増すことにもなってしまうだろう。このような問題が非対称な情報により生じるのである。

２．解決方法

非対称情報に対する解決策には自己選択メカニズム、シグナリング、モニタリングが挙げられる。自己選択メカニズムは、情報ギャップを解消するために品質と価格に関するメニューを作成することである。この例としては、銀行貸し付けの際の金利と担保の組み合わせがあり、そのメニューをみてどれを選ぶかを決められる。これは、私たちがレストランで食事するときにも、メニューにある料理や飲み物と価格とを確認し、自分の食べたいものや飲みたいものを考えて、総合的に評価して選んでいくのと同じである。このときに、メニューに写真が載っていたり、素材や味付けなどの情報が記載してあったりすれば、より情報のギャップを解消することにつながる。つぎに、シグナリングは企業の建物の立派さや、社員や経営陣の学歴などの情報を間接的に知らしめることである。例えば、学生の皆さんも就職活動をするときに大学名や学部名などを聞かれたり、卒業研究の内容や活動する部活・サークルを聞かれたりするだろう。これらも、シグナルの一種として役割を果たしているととらえられる。また、エージェンシー関係にある依頼人が代理人（エージェント）を監視（モニタリング）することで、依頼人の利益に反する代理人の行動を抑制することも行われる。依頼人と代理人との間には情報の非対称性（格差）があることが背景にある。これには人件費などの一定の費用の支払いが発生することになり、また監視する人がどういう人かによって十分に機能するかどうかが変わってくる。

3．住宅市場の例

住宅市場における情報の非対称性については、施主と施工者あるいは売主に存在すると考えられる。例えば、住宅建築に用いられる素材に関する情報に非対称があり、住みはじめて間もなくシックハウス症候群を発症したり、数年してリフォームの必要が生じたりして追加的費用が発生するという問題が生じ得る。住宅性能表示の取り組みは、こうした情報の非対称性をなくしていくのに重要な役割を果たし得るのである。例えば、新築住宅において「劣化対策等級（構造躯体等）」で柱、梁、主要な壁などの構造躯体に使用されている材料に劣化を軽減する対策の程度を評価する等級、「ホルムアルデヒド対策（内装及び天井裏等）」では内装及び天井裏等に使用されている建材のうち最も時間あたりのホルムアルデヒドの発散量が大きい建材の等級区分が含まれている。また、中古住宅市場では米国のようなメンテナンス履歴の導入が重要な役割を果たしうる。

このような施主と施工者あるいは売主との間の「情報の非対称性」を回避することで、双方に利益が生まれると考えられる。施主は追加的費用の支払いが軽減もしくはなくなり、それにともなってより高い満足度が得られることになるだろう。施工者あるいは売主はより適切な施工ととも適正な価格にともなう利益を得られると考えられる。例えば、シックハウス症候群の発症を招くような物質が含まれる部材を、含まない部材に代えることにより、もし施工費用がかさむとしても、その分を情報共有とともに販売価格に含めることで双方に利益が生じる。また、メンテナンスによって早期の腐朽などを回避することができ、それは住宅の長期使用につながっていくことになると期待されるのである。

【引用・参考文献】

上村武『木材の実際知識（第4版）』東洋経済新報社、2000年

岡野健・鈴木正治・葉石猛夫・高橋徹・秋山俊夫・則元京・谷田貝光克・増田稔編著『木材居住環境ハンドブック（普及版）』朝倉書店、2005年

クルーグマン，P.・ウェルス，L. 著、大山道広ほか訳『クルーグマン　ミクロ経済学』東洋経済新報社、2007年

（一般財団法人）日本木材総合情報センター「木造住宅の木材利用量調査事業報告書」2014年

林知行『プロでも意外に知らない木の知識』学芸出版社、2012年

藪下史郎『非対称情報の経済学―スティグリッツと新しい経済学―』光文社新書、2002年

米山秀隆『少子高齢化時代の住宅市場』日本経済新聞社、2011年

この講の理解を深めるために

(1) 派生需要の観点から住宅着工（建築）は木材需要にどのようにつながるか？

(2) 住宅の長期使用に向けてどのような取り組みが必要と考えられるか？

(3) 非住宅部門の木材利用としてどのような方向性が重要になると考えられるか？

おわりに

私は、餅田治之教授の後任として筑波大学に2010年10月１日に着任し、生命環境学群生物資源学類の授業科目「森林資源経済学」を2010年度第３学期に担当しはじめた。それから14年にわたり、当該授業科目の内容を改善しつつ毎年度おおむね40名～80名の履修生に「森林資源経済学」を講義してきた。現段階におけるその授業内容を取りまとめたものが本書である。

この授業科目は学部２年生を対象としており、森林や林業、木材利用、環境問題などに関心のある学生が履修している。履修生が講義内容をより理解し、この分野への関心を高めてもらうことを意図して、各回の講義のポイント３つを質問する形でリアクションペーパーを導入した。リアクションペーパーを講義の前に学生に配布し、講義後に提出してもらって採点するとともに、よく書けている学生には次の講義の冒頭に、復習を兼ねて記載内容を紹介してもらい、私の解説も加える形で進めてきた。その甲斐もあって、私の研究室には当該授業科目で関心を高めた優秀な学生が在籍し、充実した卒業論文や修士論文、博士論文を作成してきている。本書のもととなった原稿については、2021年度に４年生だった江田さん、加藤さん、ボンドさんが読んで、わかり難い箇所などを指摘してくれた。

また、書籍出版の経験として1990年代後半に寺西俊一先生を中心に出版をはじめられた『アジア環境白書』シリーズへの参加や、2003年刊の井上真編著『アジアにおける森林の消失と保全』と寺西俊一編著『新しい環境経済政策―サステイナブル・エコノミーへの道―』への参画が大きな糧となった。どのように書籍を作っていくのかの基礎をそのなかで学ぶことができた。その経験が、前職では森林総合研究所編『森林・林業・木材産業の将来予測―データ・理論・シミュレーション―』、同『中国の森林・林業・木材産業―現状と展望―』、同『改訂　森林・林業・木材産業の将来予測』の編纂にも活かされた。また、恩師である永田信先生の著書『林政学講義』の出版に関わることができたことも大きな経験となった。そして、森林総合研究所北海道支所に勤務していた際には、石井寛北海道大学名誉教授から単著の出版を強く勧められた。お約束してから15年近くも経ってからとなるが、同僚の興梠克久准教授からの助言もあってようやく実現させられることとなった。本書の刊行は、ここに挙げる先生方、多くの先輩方や同世代の方々のご指導とご支援のおかげと思い、深く感謝する次第である。

私は、岩手県の山村に生まれ、父が林業に、母が酪農に、祖母が畑作に従事する環境で育った。そのために、子供の頃から裏山などに山菜や栗、茸などを採りに行ったり、家族が山林や牧草地、畑などで働く姿をみたりしてきた。10代までは自らが林学の分野で森林や林業に関わる研究や教育に携わるようになるとは思っていなかったが、回り道をしながらも林学の分野に籍をおき、農山村や森林・林業、木材産業、木材利用などに関する研究や教育に従事する立場になった。このような経緯から、持続的に森林を管理しながら林業を振興し、農山村を活性化させ、長期にわたってしっかりと木材を使う社会を創りたいという思いが強い。

「日本には森林が豊富にあるにもかかわらず、その利用は少なく、輸入木材に強く依存するのはなぜか」、「なぜ世界の森林減少は続いているのか」という、20代前半に抱くようになった問題意識が今も続いている。当時、筑波大学の助教授をされていた北畠能房先生のもとで、修士過程において日本の木材需給・貿易に関する研究をはじめた。大学院博士課程に進んでからは海外の森林管理や木材利用などに関心をもち、海外での調査を20ヵ国超で行う機会にも恵まれた。そこで得られた知見や分析結果から相対的な日本の位置づけを行い、日本に合った森林管理や林業、木材利用の途を検討したいと考えてきた。そして、持続的な森林管理と木材利用に向けた方策を解明すべく、定性的かつ定量的な分析方法を用いた研究に従事してきた。再生可能資源である森林を持続的に保全かつ活用することは、持続可能な社会・循環型社会の実現に大きく貢献し、われわれにとって不可欠であるという信念から、これからも研究と教育に取り組んでいきたいと考えている。

本書の企画は、学文社編集部の豊田彰吾氏から2023年２月にいただいた出版へのお誘いから始まった。そして、執筆過程では予期せぬ出来事もいくつかあったが、懇切丁寧な対応をいただいて本書の上梓にこぎつけることができた。ここに記して衷心より御礼を述べたい。

私がこうして研究と教育に専念できているのは、妻の多大な支えと娘の存在があり、仕事の面でもふたりから折々に有益な助言も受けてきた。ここに妻と娘への深い感謝の気持ちを記しておきたい。

2023年12月

立花　敏

今後の学習のための参考文献

1990年代以降の文献を主にしながら、本書に関係する分野ごとに参考文献をリストする。早い段階での学習の参考文献として、特に強くお勧めする文献に※を付すことにする。絶版となったものもあるが、図書館などを通じて手にとっていただきたい。

【森林科学全般】
井上真・酒井秀夫・下村彰男・白石則彦・鈴木雅一編著『人と森の環境学』東京大学出版会、2004年
佐々木惠彦・木平勇吉・鈴木和夫編著『森林科学』文永堂出版、2007年
森林総合研究所編『森林大百科事典』朝倉書店、2022年
只木良也著『森林環境科学』朝倉書店、1996年
中村徹編著『森林学への招待（増補改訂版）』筑波大学出版会、2015年
日本森林学会監修・井出雄二・大河内勇・井上真編著『教養としての森林学』文永堂出版、2014年（※）
日本森林学会編『森林学の百科事典』丸善出版、2021年（※）
日本大学森林資源科学科編『森林資源科学入門』日本林業調査会、2002年

【林政学・森林政策学】
遠藤日雄編著『現代森林政策学（改訂）』日本林業調査会、2012年
柿澤宏昭『日本の森林管理政策の展開―その内実と限界―』日本林業調査会、2018年（※）
柿澤宏昭『欧米諸国の森林管理政策―改革の到達点―』日本林業調査会、2018年
堺正紘編著『森林政策学』日本林業調査会、2004年
塩谷勉『林政学』地球社、1973年
筒井迪夫編『林政学』地球社、1983年
永田信『林政学講義』東京大学出版会、2015年（※）
半田良一編『林政学』文永堂出版、1990年（※）

【森林管理（制度）論・森林計画学】
石井寛・神沼公三郎編著『ヨーロッパの森林管理―国を超えて・自立する地域へ―』日本林業調査会、2005年
木平勇吉編著『森林計画学』朝倉書店、2003年（※）
興梠克久編著『日本林業の構造変化と林業経営体―2010年林業センサス分析―』農林統計協会、2013年
志賀和人編著『21世紀の地域森林管理』全国林業改良普及協会、2001年
志賀和人編著『森林管理制度論』日本林業調査会、2016年
志賀和人編著『森林管理の公共的制御と制度変化―スイス・日本の公有林管理と地

域―』日本林業調査会、2018年
志賀和人・成田雅美編著『現代日本の森林管理問題―地域森林管理と自治体・森林組合―』全国森林組合連合会、2000年
志賀和人・藤掛一郎・興梠克久編著『地域森林管理の主体形成と林業労働問題』日本林業調査会、2011年
田中和博・吉田茂二郎・白石則彦・松村直人編著『森林計画学入門』朝倉書店、2020年（※）
西川匡英『現代森林計画学入門―21世紀に向けた森林管理―』森林計画学会出版局、2004年
日本林業調査会編『諸外国の森林・林業―持続的な森林管理に向けた世界の取り組み―』日本林業調査会、1999年
藤森隆郎『新たな森林管理―持続可能な社会に向けて―』全国林業改良普及協会、2003年

【森林利用学・森林施業】

興梠克久編著『「緑の雇用」のすべて』全国森林組合連合会、2015年
酒井秀夫・吉田美佳『世界の林道（上・下）』全国林業改良普及協会、2018年
佐藤宣子・興梠克久・家中茂編著『林業新時代―「自伐」がひらく農林家の未来―』農山漁村文化協会、2014年
森林施業研究会編『主張する森林施業論―22世紀を展望する森林管理―』日本林業調査会、2007年
山田容三『SDGs時代の森林管理の理念と技術―森林と人間の共生の道へ―(改訂版)』昭和堂、2021年（※）
吉岡拓如・酒井秀夫・岩岡正博・松本武・山田容三・鈴木保志編著『森林利用学』丸善出版、2020年（※）

【世界の森林・林業・木材】

ウェストビー, J. 著、熊崎實訳『森と人間の歴史』築地書館、1990年（※）
岡裕泰・石崎涼子編著『森林経営をめぐる組織イノベーション―諸外国の動きと日本―』広報ブレイス、2015年
柿澤宏昭・山根正伸『ロシア―森林大国の内実―』日本林業調査会、2003年
熊崎実『地球環境と森林』全国林業改良普及協会、1993年（※）
白石則彦監修・日本林業経営者協会編『世界の林業―欧米諸国の私有林経営―』日本林業調査会、2010年
森林総合研究所編『中国の森林・林業・木材産業―現状と展望―』日本林業調査会、2010年
メイサー, A. 著、熊崎實訳『世界の森林資源』築地書館、1992年（※）
ラートカウ, J. 著、山縣光晶訳『木材と文明』築地書館、2013年

【木材貿易・木材需給】
Blandon, P. R.（1999） *Japan and World Timber Markets.* CABI, Oxfordshire
黒田洋一・フランソワ，ネクトゥー『熱帯林破壊と日本の木材貿易』築地書館、1989年
島本美保子『森林の持続可能性と国際貿易』岩波書店、2010年
森林総合研究所『改訂　森林・林業・木材産業の将来予測』日本林業調査会、2012年（※）
森林総合研究所編『森林・林業・木材産業の将来予測』日本林業調査会、2006年（※）
村嶌由直・荒谷明日兒『世界の木材貿易構造―<環境の世紀>へグローバル化する木材市場―』日本林業調査会、2000年

【熱帯林問題】
Inoue, M. et al.（eds.）（2021） *Participatory Forest Management in a New Age.* University of Tokyo Press
Repetto, R. and Gillis, M.（eds.）（1988） *Public Policies and the Misuse of Forest Resources.* Cambridge University Press
荒谷明日兒『インドネシア合板産業―その発展と世界パネル産業の今後―』日本林業調査会、1998年
市川昌広・生方史数・内藤大輔編著『熱帯アジアの人々と森林管理制度―現場からのガバナンス論―』人文書院、2010年
井上真『焼き畑と熱帯林―カリマンタンの伝統的焼畑システムの変容―』弘文堂、1995年（※）
井上真『コモンズ論の挑戦―新たな資源管理を求めて―』新曜社、2008年
井上真編著『アジアにおける森林の消失と保全』中央法規、2003年（※）
生方史数編著『森のつくられかた―移りゆく人間と自然のハイブリッド―』共立出版、2021年
関良基『複雑適応性における熱帯林の再生』お茶の水書房、2005年
原田一宏『熱帯林の紛争管理―保護と利用の対立を超えて―』原人舎、2011年

【ミクロ経済学】
Varian, H. R.（1992） *Microeconomic Analysis 3rd edition.* W. W. Norton & Company
奥野正寛・鈴村興太郎『ミクロ経済学Ⅱ』岩波書店、1999年
神取道宏著『ミクロ経済学の力』日本評論社、2014年
クルーグマン，P.・ウェルス，L. 著、大山道広ほか訳『クルーグマン　ミクロ経済学』東洋経済新報社、2007年（※）
スティグリッツ，J. E.・ウォルシュ，C. E. 著、藪下史郎ほか訳『スティグリッツ　ミクロ経済学（第３版）』東洋経済新報社、2006年（※）

【森林経済学】
Johansson P.-O., Lofgren K.-G.（1985）*The Economics of Forestry and Natural Resources.* Blackwell Pub
赤尾健一『森林経済分析の基礎理論』京都大学農学部、1993年
熊崎実『森林の利用と環境保全―森林政策の基礎理念―』日本林業技術協会、1977年（※）
小池浩一郎・藤崎成昭編著『森林資源勘定―北欧の経験・アジアの試み―』アジア経済研究所、1997年
ボンジョルノ，J.・ギリス，J. K. 著、岡裕泰・黒川泰亨監訳『森林経営と経済学』日本林業調査会、1997年
馬駿・今村弘子・立花敏編著『東アジアにおける森林・木材資源の持続的利用―経済学からのアプローチ―』農林統計協会、2018年
馬奈木俊介編著『農林水産の経済学』中央経済社、2015年
村嶌由直『森と木の経済学―維持可能な社会発展を目指して―』日本林業調査会、2001年

【環境経済学・エコロジー経済学・環境政策論】
愛甲哲也・庄子康・栗山浩一編著『自然保護と利用のアンケート調査―公園管理・野生動物・観光のための社会調査ハンドブック―』築地書館、2016年（※）
浅野耕太『農林業と環境評価―外部経済効果の理論と計測手法―』多賀出版、1998年
有村俊秀・日引聡『入門環境経済学―脱炭素時代の課題と最適解（新版）―』中央公論新社、2023年
植田和弘『環境経済学』岩波書店、1996年
植田和弘・落合仁司・北畠佳房・寺西俊一『環境経済学』有斐閣、1991年
大沼あゆみ・柘植隆宏『環境経済学の第一歩』有斐閣、2021年
岡敏弘『環境経済学』岩波テキストブックスＳ、2006年
栗山浩一・柘植隆宏・庄子康『初心者のための環境評価入門』勁草書房、2013年（※）
栗山浩一・馬奈木俊介『環境経済学をつかむ（第４版）』有斐閣、2020年
寺西俊一編著『新しい環境経済政策―サステイナブル・エコノミーへの道―』東洋経済新報社、2003年（※）
寺西俊一・石田信隆編著『自然資源経済論入門　農林水産業の未来をひらく』中央経済社、2013年
馬奈木俊介・地球環境戦略研究機関編『生物多様性の経済学―経済評価と制度分析―』昭和堂、2011年
丸山真人『人間の経済と資本の論理』東京大学出版会、2022年
三俣学・齋藤暖生『森の経済学―森が森らしく、人が人らしくある経済―』日本評論社、2022年

索　引

あ　行

か　行

さ　行

た　行

な　行

は　行

ま　行

や　行

ら　行

わ　行

著者紹介

立花　敏（たちばな　さとし）

筑波大学生命環境系准教授

1965年、岩手県岩泉町生まれ。

1996年、東京大学大学院農学生命科学研究科森林科学専攻修了、博士（農学）。
東京大学大学院農学生命科学研究科（森林科学専攻）文部教官助手、（財）地球環境戦略研究機関（森林保全プロジェクト）主任研究員、（独）森林総合研究所（林業経営・政策研究領域）主任研究官、（独）森林総合研究所北海道支所チーム長を経て現職。

農林水産省林政審議会会長代理・施策部会長、（一財）日本木材総合情報センター刊行月刊誌『木材情報』企画分析委員長、（一財）林業経済研究所調査研究企画委員長、日本森林学会代議員、林業経済学会評議員等を務める。

第12回（2013年度）林業経済学会賞（学術賞）受賞。

主　著　『東アジアの森林・木材資源の持続的利用―経済学からのアプローチ―』農林統計協会（編著、2018年）
『木力検定３―森林・林業を学ぶ100問―』海青社（編著、2014年）
『森林・林業・木材産業の将来予測―データ・理論・シミュレーション―』J-FIC（共著、2006年）
（公社）大日本山林会『山林』に「林産物貿易レポート」を連載中（2003年４月より）

入門・森林経済学

2024年３月30日　第一版第一刷発行

著　者　立花　敏
発行所　株式会社　学文社
発行者　田中千津子

〒153-0064　東京都目黒区下目黒３－６－１
電話(03)3715-1501（代表）　振替 00130-9-98842
https://www.gakubunsha.com

落丁，乱丁本は，本社にてお取り替え致します。
定価は，カバーに表示してあります。

印刷／東光整版印刷㈱
<検印省略>

ISBN 978-4-7620-3336-0

Printed in Japan